JN012729

女子大生、オナホを売る。

Riko Kamiyama
Japanese Schoolgirl
Sells Onaholes

神山理子（リコピン）

実業之日本社

女子大生、オナホを売る。

神山理子（リコピン）

はじめに

こんにちは、神山理子（リコピン）です。

25歳です。

18歳から楽曲制作の仕事を始めて、20歳でシンガポールの会社にてＷｅｂマーケティングの修行をして、音楽メディアを業界No.１までグロースして事業売却、21歳でオナホＤ２Ｃの会社を創業して、販売初日にAmazon売れ筋ランキング４位を獲得、22歳で４つのＤ２Ｃブランドを創業、24歳で売却をしました。


本書では、**当時下ネタが苦手な女子大生だった私が、初めてオナホＤ２Ｃを立ち上げたときに何を考えていたのか**を振り返っていきます。


「どうして女子大生が、男性用アダルトグッズをやろうと思ったの？」

「開発者がペルソナと真逆なのに、どうやって顧客インサイトを理解できたの？」

とよく聞かれます。
そのあたりもこの本にまるっとまとめました。

「どんな領域でも、コンセプト勝ちで売れるコンテンツやモノを作れるようになりたい」

そう悩んでいませんか？
D2C初心者であり下ネタが苦手な女子大生がオナホを開発し、Amazon売れ筋ランキング4位を達成するまでの思考や、そのときにぶつかった壁をどう乗り越えたかといった経験は、みなさんの抱える悩みの解決にきっと役に立つと信じています。

本書の構成は第1章で事業領域の選定や市場調査の方法、第2章でインサイトの発掘方法、第3章でコンセプト設計とその検証から商品設計、第4章でチャネル選定とAmazonマーケティング、第5章では少し事業売却についても触れています。

「自分がターゲット顧客層ではない領域でも、人が心の中で本当に欲しているものを探し当てて、自社商品化まで落とし込む」一連の流れを解説しているため、**「どんな領域でも、コンセプト勝ちで売れるコンテンツやモノを作れるようになりたい」というマーケターや新規事業開発者のお役に立てるはず**です。

自宅謹慎処分からオナホを売りまくるまで

学生時代、私は停学及び自宅謹慎処分を受けたことがあります。

七輪と生シャケを持参して、駐輪場で焼き、火災報知器とスプリンクラーを作動させてしまったことが理由です（金欠だったため毎日昼食は持参、でも冷めたお弁当が苦手になってしまい、まずは炊飯器を持参するようになり、ここまでは良かったのですが、七輪はまずかったと反省しています）。

自宅謹慎処分なので、バイトへの出勤も禁止。

次の長期休暇で友人との旅行予定があり、お金が必要だった私は、**自宅で引きこもりながらも稼ぐ方法を考える**ことになりました。

最初は自宅にある不要なものを片っ端からメルカリで売りました。

しかし家にあるものを売り尽くしても、必要な金額には到達できませんでした。

「まだ売れるものがあるのではないか」と考えていたとき、目についたのはデスクトップに保存されていた、趣味で作ったDTM音源（パソコンで作成する音楽）でした。

それを素材としてインターネットで販売したところ、いくつか売れたのです。

「売るものがなければ、作ったらいいのか」と気づいた私は、楽曲制作をしてはそれを販売するようになりました。

楽曲そのものだけでなく、楽曲タイトルやジャケット、サムネイル、紹介文章などのあらゆる変数を「音源を購入したい人向け」に工夫することで、販売数が大幅に伸びました。


その他にも、中学生時代に匿名でやっていたアメーバブログが、外部のランキングサイトで1位になったことがあります。

その際も訪問者にランキング投票してもらうために、トピック選びや文言、デザイン、投票導線などを中学生ながらにちまちま試行錯誤していたので、元々Ｗｅｂマーケティングには馴染みがあったのかもしれません。

冒頭でも触れましたが、20歳のときにシンガポールの会社で、Ｗｅｂマーケティングの修行をしました。

主にコンテンツマーケティングについて勉強し、その後音楽メディアを業界№１までグロースさせ、数千万円で事業売却することができました。

21歳のときにはＤ２Ｃブームに乗っかり、下ネタが苦手ながらもオナホＤ２Ｃの会社を創業したところ、自社商品がAmazon売れ筋ランキング４位になりました。

そして22歳になり、新たに別ジャンルのＤ２Ｃブランドを４つ立ち上げて、24歳で売却しました。

現在は、マーケティングや事業開発全般を勉強しています。

あとはマグロ漁船に乗ったり、ひよこのオスメスを仕分けるバイトをしたり、自宅の周辺に生えている雑草を１ヶ月食べて過ごして17kg痩せたりしていました。

ビジネスに全然関係ないと思われるかもしれませんが、こういった経験は間違いなく全て自分のビジネスに生きています。

それらも詳しくは本編にてお話ししていきます。

第1章

事業領域の選定方法

女子大生、オナホ領域を選ぶ

第2章 成功のためのインサイト発掘方法

女子大生、オナホユーザーのインサイトを見つける

第3章 売れる商品コンセプトの極意

女子大生、オナホを作る

第4章

AmazonD2Cの制し方

女子大生、オナホを売る

第5章 事業の売却
女子大生、D2C事業を売る

③ ネクストステージへ

第1章

事業領域の選定方法

女子大生、オナホ領域を選ぶ

当時20歳の私は、音楽SEOメディアを売却したことで、直近にやるべき目の前の仕事が何もなくなりました。

「さてとこれからは何をしたらいいかな」と考えていたら、師匠との飲みの場で「新規事業やったらええやん！」と言われて、新規事業を立ち上げることになりました。

そして事業のネタ探しを始めました。

2週間ほど、片っ端からあれこれと市場調査をしてみたものの、「これだ！」と叫べるようなものは見つけられませんでした。

それまで音楽領域に特化していたせいで、他の市場についての知見があまりにも乏しすぎたのです。

日頃からのリサーチを怠っている人間が、突然「新規領域で事業を立ち上げよう！」とリサーチをしたところで、付け焼き刃でしかありませんでした。

考えてみると、周囲の事業立ち上げが上手い先輩は、本人の趣味や興味の範囲が幅広かったり、とある領域に特化した友人をたくさん持っていたりして、日頃から自分の生活範囲よりも広く市場への理解があります。

これを痛感してからは、「自分とは違う生活圏で暮らす人」や「とある領域に突き抜けた人」には積極的に会うようにしています。

それでもなんとか見つけ出した市場での事業案として「〝めちゃくちゃキツいけど稼げるブラックバイトの求人メディア〟でも立ち上げようかな」と、今考えるとかなり邪な思いを馳せていたところ、師匠から「オナホ作れば？」と超絶軽いノリで言われました。

当時の私は、エロがめちゃくちゃ苦手でした。

エロワードを聞くだけで吐き気がするし、ＡＶを見ると動悸がするくらい、エロに耐性がありませんでした。

しかし、背に腹は代えられません。

新規事業、作りたい。

言われるがまま、オナホ領域へのリサーチが始まりました。

そして気づきました。

オナホ領域は、調べれば調べるほどいろんな意味でアツい市場だったのです。

1 クリエイティブで勝負が決まる領域を選ぶ
〜オナホとYOASOBIの共通点〜

オナホ領域を選んだ理由の1つは、**「クリエイティブで勝負が決まりやすい領域なのに、コンセプト力で参入できる余地があったから」**です。

つまり、その市場で売れている商品の強みが、「実用性がある」などの明確に言語化できるものではなく、「デザインがかっこいい」「なんとなく好き」などのクリエイティブに起因しているものということです。

消費者の五感で「なんとなくいいな」と漠然と売れる市場に、明確な「買う理由」を持つコンセプト力のある商品を投下することで、勝率が上がります。

まずはAmazonで「オナホ」を検索しました。

すると、二次元の女の子のアニメパッケージがずらりと並ぶ。

中には「明らかに中国の業者が売っているな」という、無理矢理日本語訳したかのような、よくわからない中華製商品も売っていました。

これを買うのはめちゃくちゃ勇気がいるでしょ。

でもそんなよくわからない中華製商品が人気ランキング上位。

その時点で、まだ誰も参入していない領域の予感がしました。


明確に商品の特徴を謳っているものはほとんどありません。

とにかくいろんなテイストのアニメイラストの女の子が陳列されています。

その様子は、まさに風俗店のパネル写真のよう。

カオスな検索結果です。

「違いがわからない。みんなは、この中で何を基準に選んで購入しているの？」

ドラッグストアで販売される化粧品のテスターとは違って、「オナホを試してから買う」なんてことはできません（あったら面白い。「オナホ穴兄弟」が店頭で爆誕しますね）。

そこで「オナホを使っている」という男友達に片っ端から電話をしてみることにしました。

「オナホ、どこで買ってるの？」

「Amazonで適当に買ってる」

「検索したら、似たようなものがいっぱい出てこない？　どうやって選んでるの？」

「パケ買い。好みのイラストのパッケージを選んで、なんとなく買うよ」

「パッケージで買うこと」、通称パケ買い。

オナホは、**実用性ではなく、クリエイティブで勝負が決まる市場**だったのです。

確かにオナホの商品数はかなり多く、「ロリ系」「お姉さん系」「熟女系」「巨乳系」「貧乳系」「清楚系」「ギャル系」「メイド系」「AV女優イメージ」「人気アニメキャライメージ」など、多様なパッケージがラインナップとして存在しています。
ただ、パッケージごとに細分化はされているものの、オナホ自体の商品特徴は明確には分かれていません。

「クリエイティブ力」という言語化しにくい芸術性で顧客へのアプローチを競う市場に、「コンセプト力」という明確なベネフィットと特徴を持つ商品で参入すれば、勝利できる予感がしました。

従来とは全く違う武器で戦えば、勝率は上がります（そういえば、私が幼児だったとき、戦いごっこが流行ったことがあります。みんなが新聞紙を筒状に丸めた剣で戦っている中、弓矢を模した飛び道具を作って挑んだら圧勝したのを思い出しました）。

クリエイティブで競われていた市場にコンセプト力で参入した事例として、大ヒットしたYOASOBIも挙げられるでしょう。

それまでの音楽市場は、まさに音楽性という「クリエイティブ力」の戦いでした。
「人々の五感にどうやって呼びかけるか」という評価指標がわかりにくい芸術性

で争われる市場に対して、「小説を題材にした楽曲」という明確なコンセプトで参入したことが、ＹＯＡＳＯＢＩが大きな注目を集めることに成功した要因の１つだと思っています（もちろん曲自体も間違いなく素敵です。オナホと一緒にしてしまってごめんなさい。大ファンです）。


その他にも、スマホケースの「iFace」も挙げられます。

それまでのスマホケース市場は「なんとなくデザインで選ぶ」というのが実態でしたが、iFaceは「握りやすく、衝撃に強い」という機能性を訴求したコンセプトで、大ブレイクしました。

私が高校生のときは、クラスメイトのほとんどがiFaceを使っていました。

クリエイティブで勝負が決まる市場は、「なんとなく買い」をされていることが多いです。

購入顧客に対して「どうしてこれを買ったの？」と聞いても、顧客自身すら明確な回答ができません。

そんな「買い方がよくわからない」オナホを含むアダルトグッズ市場ですが、市場規模は2019年時点で2000億円以上ありました。

みんな、買い方がわからないながらも、オナホを欲して、手探りでオナホを購入し続けているのです。

購入理由が曖昧な顧客に対して、購入理由が明確になるような「コンセプト力の高い商品」を用意することで、新規参入商品でも優位性が高くなり、勝率が上がるのです。

2

「少し冒険」でき「欲求が深い」領域を選ぶ

～突き抜けたコンセプトで勝ち抜く～

新規参入でも勝率をさらに高めるためには、**「買う側がちょっと冒険したくなる市場」を選ぶ**のも重要です。

大型家電などの絶対に失敗したくない大きな買い物、頻繁に買い替えるわけではない買い物は、みんな冒険を恐れて安パイを取りがちです。

その結果、どんなに目を引くコンセプトを用意したところで、未知の新規ブランドよりも、実績のある安心な老舗ブランドが選ばれる可能性が高いのです。

「失敗してもいいから、面白そうなこの新商品を試してみよう」と顧客が少し冒険したくなるような商品ジャンルは、コンセプト力の高い新規商品との相性が良い

でしょう。

さらに、「欲求が深い市場」であればなお良いです。

欲求が深ければ深いほど、顧客がその欲求を満たすために使える金額が上がり、市場規模が大きくなるからです。

市場規模が大きければ大きいほど、事業が成功したときの売上見込みが上がるため、事業としての期待値が大きくなります。

「欲求が深い」とはどういうことか

人間の三大欲求といえば「食欲」「睡眠欲」「性欲」ですが、現代ではそれら以上に「承認欲求」の欲求レベルの高まりを感じます。

「モテたい」「他者から〝成功している〟と思われ、尊敬されたい」「バカにしてきた人を見返したい」などの欲求は、広告でもよく見る訴求なだけあって、現代人を魅了する言葉なのです。

また最近では、「他者から承認されたい」という欲求から派生して「自分で自分を承認したい」という欲求も生まれてきています。

今流行っている言葉に置き換えるとすれば、「自己肯定感」でしょうか。

「他者からの肯定に依存するより、自分で自分のご機嫌を取れるほうが、自立していて良い」という認識は、間違いなく昔よりも強くなっているでしょう。

書店に行くと、「自己肯定感を高める本コーナー」ができていたり、「人気本コーナー」でも自己肯定感を題材とした本が大量に平積みされていたりします（本屋は、その時期のトレンドがめちゃくちゃ反映される場所で面白いです）。

「他者から承認されたい」は男性に多い傾向、「自分で自分を承認したい」は女性に多い傾向があります。

「男性はモテるためにおしゃれをして、女性は自己満足のためにおしゃれをする」と巷で言われやすいのも、これが原因かもしれません。

つまり、「食欲」「睡眠欲」「性欲」に加えて、「他者承認欲求」「自己承認欲求（自己肯定感）」は、現代人に向けての訴求として、かなり深い欲求であり、市場規模や客単価が上がりやすい傾向にあります。

例えば、クレジットカードの色を変えるために、高額な年会費を払う人がいます。

もちろんランクの高いクレジットカードだと、コンシェルジュがついたり、ラウンジが使えるなどの特典はあります。

しかし実は「支払いの際に、一目で高ランクだとわかるクレジットカードを出すことでドヤ顔ができる」という価値があります。

本来は、現金を出さずに前借りで支払いをする目的のクレジットカードですが、支払いという実用価値の他に、承認欲求を満たすための価値も存在しているといえます。


オナホは、パケ買いされるクリエイティブで戦われている市場であり、みんながちょっと冒険したくなる市場であり、性欲に根付いた欲求の深い市場。

つまり、「突き抜けたコンセプト」があれば、新規参入の私でも十分勝算のある事業なのです。

ここからは余談です。

「冒険したくなる市場」と「欲求の深い市場」をおすすめしましたが、**「決済者と受益者が異なる市場」も狙い目**です。

簡単にいえば「お金を払う人と、利益を受ける人が異なる市場」、専門用語を使うならば「一次顧客と二次顧客が存在する市場」です。

例えば、塾市場やギフト市場が挙げられます。

塾に通うのは子供ですが、お金を払うのは親です。

ギフトも、受け取る人とお金を払う人は異なります。

自分が受益者であれば、「ここまで高くなくてもいいかな」と、価格と受益額のバランス（いわゆる「コストパフォーマンス」）を考慮しながら、購入に妥協が生じます。

しかし、自分の子供の将来がかかっていたり、人へのお祝いという相手へのリスペクトを表現する場面になったりすると、購入動機として「安さ」の優先度が下がります。

結果的に客単価が上がり、利益率の高い事業になります。

一見飽和しているように見える領域でも、「ギフト用」という細分化をすることで、まだまだ参入できる市場があるかもしれません。

3 「まだ解決されていない重大な悩み」が存在している領域を選ぶ
～未解決の悩みに向き合う～

既存商品ではまだ解決できていない、顧客の重大な悩みがあることも重要です。

友達にインタビューをしているうちに「顧客は、オナホをパケ買いする」ということがわかりました。

しかし顧客は本当に「パケ買い」で満足しているのだろうか?という疑問が浮かびます。

「パケ買いをして、ちゃんと満足のできるオナホを引き当てられるの?」
「引き当てられないよ。いざ使ってみると小さかったり、刺激が強すぎたり、

自分に合わないものばっかりだよ」

「オナホで気持ち良くなりたいんだよね？　かわいいパッケージが欲しいわけじゃないよね？」

「うん。オナホで気持ち良くなりたい」

「だったら、好きなパッケージよりクチコミを見たほうが良くない？」

「チンチンの大きさも感度も人それぞれだからね。誰かがクチコミで「気持ち良かった」と書いていても、自分にとっては気持ち良くないことが多いんだよ」

そう、**従来のパケ買いという手法では、「オナホで気持ち良くなりたい」需要は満たせていなかった**のです。

「かわいいパッケージが欲しいから、パケ買いをする」のではなく、「他に選ぶ基準がないから、仕方なくパケ買いをする」という状況。

結局、明確な購入根拠がないまま、大して気持ち良くないハズレのオナホを購入してしまう。

「自分に合う、気持ち良いオナホが見つけられない」という「まだ解決されていない」顧客の重大な悩みは、確かにそこに存在していました。

既存の商品と同じ土俵で戦わない

また新規参入においては**「既存の商品と同じ土俵で戦わない」**ことも重要です。

「同じ土俵」とは、それまでの既存の商品同士で争われていた商品の特徴指標のことを指します。

例えば、洗剤であれば「洗浄力」、パソコンであれば「スペック」などが挙げられます。

市場調査で既存の競合商品のクチコミを見たときに、「顧客は洗浄力についてよく言及しているから、洗浄力の高い洗剤を作ろう！」という考え方で参入してしまうと、既存競合メーカーとの技術力の殴り合いに巻き込まれます。

自社の技術力によっぽど自信があるならいいものの、それでも最終的にはスペックのインフレが発生して、顧客は「いや、そこまでは求めてないっすw」と離れていく、というのがオチです。

他の事例では、液晶テレビの画素数で競い合った結果、もはや肉眼ではよくわからない領域まで達してしまい、顧客が比較検討する際の優位性にならなくなってしまったという話があります。

顧客としてはすでに画質は満足しているのに、それでも画素数のスペックで勝つために技術開発費用をかけ続けるのは、新規参入にとっては不利な戦いになりやすいですよね。

既存商品で争われていた商品特徴ではなく、「既存商品では盲点だった、かゆいところ」を最大の需要として捉えるべきです。

4 他社が参入しづらい領域を選ぶ

～できるだけ競争しない～

他社が参入しづらい領域を選ぶことも大切ですが、このときに**参入障壁になる要素としては「自分の強みが活かせる」**や**「他社がコンプライアンス的に参入できない」**などが挙げられます。

私がやっていた音楽メディアの場合、私が元々音楽をずっとやってきていることに加え、収益化をしていて、音楽に対しての知見や熱量が人よりもかなり多いという強みがありました。

「自分の得意分野である」というのは、新規参入の際に考慮してよい条件です。

「人よりもめちゃくちゃ好き」という狂った熱量は、事業を伸ばす上で想像以上

に強い武器になります。

ここで重要なのは人よりも〝めちゃくちゃ〟好きということです。「人並みに好き」程度では強みにならず、人がついていけないくらい狂ったように好きで初めて、競合と戦える武器になります。

オナホ市場の場合、当時はＷｅｂマーケティングで圧勝しているオナホメーカーがまだ存在していませんでした（最近ではＷｅｂマーケティング発のＤ２Ｃブランドが増えていますが、オナホ市場ではＷｅｂマーケティング発のＤ２Ｃブランドはまだ存在していなかったのです）。

昔ながらの老舗メーカーが多く、「Ｗｅｂでも販売はしているものの、主な販路は小売店」という販売会社がほとんどでした。

つまり、私が得意なＷｅｂマーケティングが強みになるということです。

さらにアダルトグッズだと、「上場企業」や「上場を視野に入れている企業」が参入できないという「他社がコンプライアンス的に参入できない」という障壁もあります。

そのため、市場規模が大きいにもかかわらず、競合数が少ないのです。

事業が拡大したときのための備え

事業が伸び始めると、参入障壁を突破してくる（模倣する）企業が現れるため、事業考案段階でそのリスクヘッジも同時に考える必要があります。

ベンチャー企業が市場開拓をし終わったタイミングで、大手が参入して資本力で殴られて全滅なんてこともあります。

しかしアダルト領域においては、「上場企業」または「上場を視野に入れている企業」はそもそも競合対象外になるため、後発の競合にシェアを奪われる可能性は通常の商品よりも低いのです。

「他社にはない自分の強みがある」「他社がコンプライアンス的に参入できない」などの参入障壁は、競合対策として重要な視点になります。

5 製造コストが低く、高価格帯で売りやすい領域を選ぶ

～流行りやイメージに左右されない～

オペレーションコストを少しでも減らすため、**製造過程が単純で、製造難易度が低い領域だとさらに参入しやすい**でしょう。

オナホの製造方法は「金型に素材を流し込んで固める」というとてもわかりやすい方法です。

精密機械や消費期限のある食品とは異なり、製造から発送までのオペレーションが組みやすいのです。

また製造しやすい商品だと、納品スピードも早い傾向にあります。

最短で商品を発売したり、商品改良のサイクルを早めたりできるため、PDCAが回しやすく、Webマーケティングとの相性も良いです。

特に流行に左右されやすい商品は、発売までのスピードが勝敗を分けます。「企画段階では絶対イケる市場だったのに、開発に時間がかかって発売する頃には流行が終わっていた」なんてことを避けるために、納品スピードは必ず確認するべきです。

また**「商売の基本は、安い値段で仕入れて高く売る」と言われているくらい、高価格で売り出しやすいかどうか**は重要です。

より厳密に言うならば、**「高い値段で売っていても違和感がない」**ということです。日用品などの顧客にとって価格相場がある程度決まっている商品は、よほど高級路線のブランディングが上手くない限り、価格競争に巻き込まれやすいです。

例えば、1ロール1000円のトイレットペーパーを売るのは、「トイレットペーパーの相場はせいぜい1ロール20円〜50円程度だろう」とわかっている顧客にとって「高い」と感じやすく、購入へのハードルが上がります。

ところがオナホ市場は、一般的な価格のイメージがつかみにくいため高価格帯で売り出しやすいのです。

実際に、オナホの相場は3000円前後ですが、自社商品は5000円台で販売しています。

信頼できる販売チャネルが存在する領域を選ぶ

〜参入初期は虎の威を借りる〜

商品企画時点から、販売チャネルもあらかじめ考えておく必要があります。

販売チャネルによって、商品名やパッケージデザインの設計が変わるからです

（こちらは第3章と第4章で詳しく解説します）。

私は、自社サイトを開設せず、販売チャネルをAmazonのみに絞っていました。

なぜなら、Amazon自体の会員数と信頼性が高いため、購入率が上がるからです。

また当然ですが、顧客はすでにアカウント登録をしているため、購入フローに

「会員登録」や「住所入力」などの離脱率の高い工程が存在せず、購入率が高くなり

ます。

「公式サイトで買うのはめんどくさい」と、多少割高になったとしても自社ECではなくAmazonで購入する人もいるくらいです。

加えて、プライム会員だと「公式サイトで購入するより早く届きそう」と、さらにAmazon利用率が上がります。

また、アダルト商品は公式サイトで購入するハードルが高いジャンルでもあります。

「アダルトサイトに会員登録すると、架空請求などのスパムにあうかもしれない」というイメージが強く、購入検討者は購入サイト選びにより慎重になります。

少しでも「このサイトは怪しい」と思われてしまうと、購入されなくなる可能性が高くなるジャンルです。

独自の公式サイトではなく、顧客が普段利用しているAmazonでの購入機会を用意することによって「情報を抜き取られなそう」と安心して購入してもらいやすくなります。

さらにフルフィルメント by Amazon（商品の配送をAmazonに委託できるようになるサービス）を利用することで、梱包・発送のオペレーションを行う必要がなくなります。その分、Amazonの販売手数料はかかりますが、オナホの場合は、購入率の高さやオペレーションコストを踏まえても、採算が合います。

「楽天市場やYahoo!ショッピングはダメなの？」と疑問に思う方がいるでしょう。実は楽天市場やYahoo!ショッピングはオナホールの出品が規約違反なんですよ。思わぬ落とし穴なので、販売チャネルを選定する際には、規約を必ず確認しましょう。

7

定番ブランドが存在していない領域を選ぶ

～天下のTENGAに戦わずして勝つ方法～

まだその領域で、定番ブランドが存在していないというのも、領域選定においては重要です。

定番ブランドがあると、コンセプトの良さは関係なく、顧客が何も考えずにそのブランドを購入するからです。

オナホというと「TENGA」をイメージする人が多いでしょう。

「TENGA」のブランディング力は強く、オナホブランドとしての知名度が強そうですよね。

しかしTENGAのメイン商品は「使い捨てオナホ」です。

「1回使ったら、そのまま蓋を閉めて捨てられる」という手軽さが反響を呼び、「ちょっとオナホに興味がある」というオナニーライトユーザーや、「手軽な面白いプレゼント」として男子高校生に人気があります。

それに対して、オナホ市場全体では実は「使い捨てオナホ」よりも「洗って何度も繰り返し使うオナホ」のシェアのほうが断然多いことがわかりました。

オナホヘビーユーザーにとっては、使い捨てオナホのTENGAはコスパが悪く、「洗って何度も繰り返し使うオナホ」を選ぶのです。

「洗って何度も繰り返し使うオナホ」をいくつかストックして、その日の気分によって使い分けるのが彼らの定番の使い方です。

そして、「使い捨てオナホといえば〝TENGA〟」と言われるほどTENGAの知名度は高いものの、「洗って何度も繰り返し使うオナホといえばこれ」と言われるほどの定番ブランドはまだ存在していないことがわかりました。

私が得意なＷｅｂマーケティングを武器とする既存メーカーがなく、コンプライアンス的に参入できる企業も少ない。

製造難易度が比較的低く、まだ定番ブランドが参入していないという点で、オナホ市場は私にとって参入しやすい領域だったのです。

私はエロが苦手だったし、性別的にオナホユーザーにもなり得ないため、「人よりもめちゃくちゃ好き」という強みの部分は論外でしたが、他の部分で十分なチャンスがあると考えました。

領域選定は全ての要件を満たしている必要はなく、あくまで目安として考えていけばいいでしょう。

領域選定のチェックポイント

- [ ] クリエイティブ勝負の領域になっていますか?
- [ ] 顧客が少し冒険しようと思える領域ですか?
- [ ] 深い欲求が存在する領域ですか?
- [ ] その領域には既存商品では解決し切れていない顧客の悩みがありますか?
- [ ] 他社が参入しづらい領域ですか?
- [ ] 参入商品は製造過程が単純かつ製造難易度は低いですか?
- [ ] 高い値段で売れそうですか?
- [ ] 信頼のおける販売チャネルはありそうですか?
- [ ] 競合に絶対的な地位を築いているブランドはないですか?

第2章

成功のための
インサイト発掘方法

女子大生、オナホユーザーの
インサイトを見つける

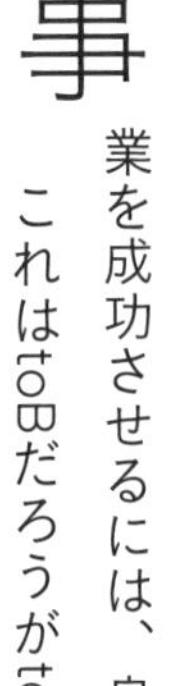業を成功させるには、良いコンセプトが必須です。

これはtoBだろうがtoCだろうが、有形商材だろうが無形商材だろうが、例外はありません。

良いコンセプトとは、**「良いインサイトに突き刺している」**ということです。

そして「良いインサイトの発掘」とは、簡単にいえば**「顧客の気持ちを、顧客以上に理解して、彼らすらも気づいていない悩みを代わりに見つけてあげること」**です。

そして、**彼らすら気づいていない悩みに対して、「先回りして解決策を提供する」のがコンセプトであり、事業**です。

新規事業開発において、ターゲット顧客のインサイトを深く知るのは避けて通れない道です。

AVを見ると嘔吐するレベルで下ネタが苦手な私が、エロ業界を深く理解しなければいけないということです。

そんな「ターゲット顧客層と正反対な私」が、どのようにオナホ領域のインサイトを掘ったのかについて振り返っていきます。

インサイトを発掘するためには、

①まず最初に「自分には、多かれ少なかれ思い込みがあること」を心得る。
②欲求を深掘りしながら、仮説を表にしていく。
③インタビューをするための事前準備をする。
④インタビュー前半では、傾聴に徹する。
⑤インタビュー後半では、自分の仮説を検証する。

をしていきます。

これらについて、本章で解説していきます。

1 思い込みを排除する

～方向転換して音楽メディアをNo.1にした方法～

インサイトを発掘する前に、まず心に留めておくべきことがあります。

それはインサイト発掘において、〝思い込み〟が想像以上に障壁となるということです。

私が音楽メディアをグロースしていたときのお話をします。

私は、全国のボイストレーニング教室を紹介するメディアをやっていました。

グロースするためにメディアの方向性を検討する会議にて、「ボイストレーニング教室に通うか検討している人は、本当は何を求めているのか？（インサイト）」を定義し直すことにしました。

私以外のマーケターたちは、「ボイストレーニングに通うか検討している人たちは、異性との「出会い」を求めているに決まっている。これは検証の余地もないでしょう」という意見でした。

確かに、ネット上では「料理教室　出会い」といった検索数が多いため、「ユーザーは習い事に出会いを期待している」という可能性もあります。

しかし、私の身近にいる音楽が好きな人たちは、私が想像する範囲では、異性と出会うために音楽をやっているのではなく、本気で上達したいと考えている人ばかりなのです。

「私と他のマーケターでは、周囲にいる人の属性が違う可能性がある」

そう思い、私は単独でアンケートを実施しました。

予算がなかったので、アンケートを作って、自分の友人や渋谷駅の通りすがりの人、マッチングアプリで出会った人などから、少しでもボイストレーニングを検討している人がいれば、片っ端から回答依頼をしました。

その結果、他のマーケターの仮説である「ボイストレーニングでは出会いを重視している」という人は全体のわずか2％しかおらず、「むしろ誰にも出会いたくなく、自分と向き合いながら本気で歌が上手くなりたい」という人が98％だったのです。

この結果には、他のマーケターたちも驚いていて、「あのまま検証せずに、出会い路線に変更しなくて良かったね」という話になりました。

もし「出会えるボイストレーニング10選！」みたいな訴求をしていたら、きっと本当にボイストレーニングを検討している層には何も届かなかったでしょう。

インサイトを考えるとき、無意識に自分の身近な人を想像しながら「きっとこういう気持ちなんだろうな」という仮説を立ててしまいます。

しかし「これは間違いないだろう」と思い込んでいるインサイトが、実際は全くの的外れだったということは多々あります。

インサイトは決め打ちせず、絶対に検証してください。

2　顧客の欲求を表にして捉える方法
～本当の悩みが浮かび上がってくる～

真のインサイトを見つけるには、思い込みに囚われないことが大切ですが、これは思っているより難しいです。

また、顧客の中では整理しきれていない複雑な感情を、体系化して整理していく必要があります。

これらの課題をクリアするには**インサイトを表にまとめる**ことがおすすめです。

インサイトを表にする目的は、「彼らが抱えている悩みの裏側にある、彼らが気づいていない〝本当の〟悩みを見つけること」です。

「彼らは日常において何を理想の状態と見なしていて、本当はどうなりたいのか」を発見します。

そしてその理想状態を実現するために考えている「表面的な欲求」を見つけます。

「表面的な欲求」の正しい解決策を彼らが知っているとしたら、すでにその欲求は解消されてなくなり、彼らは理想状態を実現して満たされているはずです。

しかし欲求がそこにまだ存在しているなら、それは「彼らが現状で思いつくことができる解決策では、解決ができない欲求」ということになります。

そこで、「彼ら自身が現状で思いつくことができる解決策」をリストアップして、「それでも解決ができない理由」をそれぞれ出します。

これらがより深い〝本当の〟悩みになります。

その中から「自社の事業で解決できるもの」「顧客の理想実現に対して最もインパクトが大きいもの」を選び、事業として実現していきます。

書き起こしていくとすれば、次のような項目になります。

1. 彼らにとって、理想の状態は何か。本当はどうなりたいのか。
2. その理想状態を実現するための、彼らの表面的な欲求は何か。
3. 2に対して、彼らが現状、自分で思いつくことができる解決策は何か。
4. 3が解決できない理由は何か
（これが〝本当の〟悩みになる）。

これを表にまとめていきます。
例えば、女性向けの新しいダイエット商品を開発するとすれば、上のような表になります。

表

1. 彼らにとって、理想の状態は何か。本当はどうなりたいのか。
　→　**好きな人を振り向かせたい。**

2. その理想状態を実現するための、彼らの表面的な欲求は何か。
　→　**痩せたい。**

3. 2に対して、彼らが現状、自分で思いつくことができる解決策は何か。
　→　**糖質制限ダイエット。タンパク質をたくさんとる。**

4. 3が解決できない理由は何か（これが"本当の"悩みになる）。
　→　**お米がどうしても食べたい。お米をドカ食いして、いつもダイエットに失敗する。**

この場合、ターゲット顧客の本当の悩みは「お米を食べながら痩せたい」なので、「お米を食べながら、糖質制限ダイエットを成功させる方法」があれば、ターゲット顧客の悩みが解決できます。

例えば、プロテイン入りのお米などです。

この欲求の構造について、表では端的にしか書いていませんが、実際にはもっと複雑な心の流れがあるはずです。

例えば、「その前に脂質制限ダイエットをしていたけど失敗してしまった。友達が糖質制限で痩せていたので、自分もそのほうが向いている気がした」といった事情があるかもしれません。

実際の商品開発には影響しなくても、ターゲット顧客の思考の流れはできるだけ深く汲み取るようにしましょう。

なぜなら、実際に商品ページを作るとき、ターゲット顧客へ訴求するためには、ターゲット顧客の考えていることを占い師のように当てていく必要があるからです。

表

1. 彼らにとって、理想の状態は何か。本当はどうなりたいのか。
   → **最高のオナニーで性欲を満たしたい。**

2. その理想状態を実現するための、彼らの表面的な欲求は何か。
   → **気持ち良いオナホを見つけたい。**

3. 2に対して、彼らが現状、自分で思いつくことができる解決策は何か。
   → **口コミを見る。**

4. 3が解決できない理由は何か（これが“本当の”悩みになる）。
   → **他人の口コミだと、自分のチンチンの形に合っているかどうかがわからない。**

いわゆる「自分ゴト化」させるということです。

もっと言うならば、「ターゲット顧客のボキャブラリー（語彙力）」も理解できるとさらに良いです。

ターゲット顧客と同じ語彙を用いることで、よりターゲット顧客の心に響きやすいからです（想像してみてください。あなたも他の業界の人と話すとき、慣れないワードを使われて、意識が逸れて話の内容が入ってこなくなったことがありませんか？）。

ちなみに、私がオナホユーザーのインサイトを書き起こしたときは上の表のようになりました。

実際にここまで落とし込むためにはたくさんの情報収集が必要になります。

自らがターゲット顧客層である市場では、比較的インサイトを汲みやすいでしょう。

しかし自分がチャンスだと思った市場が、必ずしも自分がターゲット顧客層であるとは限りません。

そのためにインタビューを行っていきます。

3 顧客の本音を抉り取るインタビューの手順

～準備から実行までの全行程～

顧客の欲求をより精度高く理解するために一番大切なのは「n＝1でのインタビュー」です。

なぜなら、n＝1から離れた途端に、全体の最大公約数的なアイデアしか生まれなくなり、結果的に思考が浅くなるからです。

徹底的に「たった1人に刺さるコンセプト」を突き詰めた結果、独自性の高いアイデアが生まれて、結果的に多くの人から支持されます。

だからこそ商品開発者は、n＝1を最も身近に感じながら深く理解していくために、直接インタビューをしていくべきなのです。

私の場合は、調査会社に依頼するお金などなかったし、自分で聞いたほうが絶対に早いので、自分で全部やりました。

何をやったのかを紹介していきます。


最初から人を呼んでインタビューすればいいかというとそういうわけでもありません。

インタビュー前の準備としてのリサーチも大切です。

① 事前準備

インタビューをする前の準備として、**「彼らの世界観をあらかじめ理解しておく」**必要があります。

彼らの共通認識は何か、どのような情報を知っていて、どのような情報を知らないのか。

彼らが今の状態にたどり着くまでにどのような背景がありそうか。

彼らの「界隈あるある」はなんなのか。

それらを理解しておくことで、インタビューの際の「的外れな質問」を防ぐことができます。

インタビューの目的は「限られた時間内で、書籍やネットを調べたり、マスへのアンケートを行ったりするだけでは深掘りできないような、よりかゆい部分を理解する」ことにあるので、自分で調べて理解できるところはあらかじめ理解しておくべきです。

インタビューで「良い回答（情報）」を引き出すためには、「良い質問」をするべきで、そのためには最低限、ターゲット顧客と同じだけの情報は持ち合わせておくことが重要です。

（補足すると、この「世界観の理解」は事業をやればやるほど深まるもので、最初から全てを理解することはできません。実際のｎ＝１インタビューや商品開発、販売、顧客対応を繰り返していくうちに、さらに理解が深まっていくものです）

私が、オナホユーザーの世界観を理解するためにやっていたことはこんな感じです。

1 既存の競合商品のリサーチ

その当時、流通していた商品を片っ端からリサーチしました。

最も売れているものは何か。
その次に売れているものは何か。
逆に売れていない商品は何か。
一時期ヒットしたものは何か。
商品ラインナップが多いブランドは何か。
高級路線・低価格路線の商品はあるのか。
市場全体で、共通している商品特徴は何か。

既存商品についている良い口コミ、悪い口コミは何か。
クロスセルされているものはあるか。

その次に、何がどのように流通しているのかを全て把握する気持ちで、とにかく片っ端からリサーチしました。
Amazon、自社ECサイト、メルカリ、ドン・キホーテの18禁コーナー、渋谷の裏路地にあるアダルトショップ、カタログ通販、無料配布、プレゼント企画。

「私にオナニーの相談をしたら、即答でその人におすすめのオナホを提案できる」状態、**つまり「世界一オナホに詳しい人になる」ことを目指してリサーチをしていました。**

その勢いで商品のインプットをしているうちに、大量の商品をカテゴリ別に分類することができるようになります。

カテゴリ分けを様々な切り口でできるようになってくると、みんなが何を優先して商品を購入しているのか、購入層にどのような特徴がありそうなのか、が自然と

見えてきます。

例を挙げるとキリがありませんが、例を出します。

オナホには、主に次のようなカテゴリがありました。

○使い捨てタイプと洗って繰り返し使えるタイプがある。

↓興味本位で使いたい層と、長期的に使いたい層に分かれる

↓コスパを気にしない層と、気にする層に分かれる

↓同居人に見られたくないから使用後はオナホをすぐに捨てたい層と、一人暮らしだから保管することに抵抗がない層に分かれる

↓自分の使用済みオナホを洗うことに抵抗がある層と、ない層に分かれる

○硬めタイプとやわらかめタイプがある。

↓刺激の強さを求めている層と、やわらかさを求めている層に分かれる
↓とにかく気持ち良い刺激さえあれば構わない層と、女性器のリアルさを無意識に求めている層に分かれる
↓とにかく気持ち良い刺激があれば構わない層と、強い刺激に慣れて遅漏になるのが怖い層に分かれる
↓遅漏・早漏改善のために、硬いタイプや、やわらかいタイプを段階的に使いたい層が存在している

○アニメパッケージとAV女優パッケージがある

↓アニメイラストで興奮する層と、実在するAV女優で興奮する層がいる
↓中の構造は気にしない層と、実在する人の膣内を再現した構造に興奮する層がいる

このように「顧客マトリクス図の軸」になりうるものが無限に見つかっていきま

す。

「オナホ界隈にはこういうパターンの人もいるし、こういうパターンの人もいるよね」という解像度が高まるほど、世界観への理解が深まります。

2 彼らが普段見ている情報を得る

彼らが普段目にしている情報は、できるだけ把握しておきましょう。

そのためには、彼らが普段使っている媒体を毎朝チェックすることから始めましょう(もちろん、それまでのアーカイブを見るのも効果的です)。

私の場合は、FANZAやTwitter、2chのスレ、エロ雑誌やエロ漫画、官能小説などを、朝刊を読むサラリーマンの如く、毎日チェックしていました。

毎朝7時に誰もいないオフィスに出社して、一人で新作AVを見る女子大生です。

誰かが出勤してきたら慌ててブラウザを閉じる、を繰り返しているうちに、親フラ（親が来る予兆＝フラグを略して「親フラ」。転じて自分の部屋で何かしているときに親が来ることを「親フラ」ともいう）を恐れる男子高校生の気持ちがよくわかりました。

また、オナホを実際に購入するプロセスも何度も体験しました。

Amazon、アダルトショップ、ドン・キホーテなど、様々なチャネルを検討し、「彼らが実際に購入するときにはどんな情報を仕入れて、どこから購入するのだろう？」を必死に考えました。

情報を仕入れるために、Twitterで気になっている商品名を検索する人もいれば、Googleで「オナホ　人気」と調べる人、２ｃｈのスレを見ている人、アダルト雑誌のグッズ特集を見る人、様々だと思います。

そういえば、今の若い人は飲食店を探すときはTikTokで検索するらしいですね。

しかし「オナホ」をTikTokで検索する人はあまりいないでしょう。

ありとあらゆる可能性を考慮して、思いつく限り全てのルートの情報を満遍なく仕入れました。

これを繰り返しているうちに、「界隈あるある」がわかるようになるだけでなく、自然とアダルト系への耐性がつきました。

3 彼らが普段発信している情報を得る

次に、彼らの生の声を手に入れるべく、彼らが普段発信している情報を集めましょう。

「彼らは普段どこにいるのか。どんなライフスタイルを送っているのか」を具体的にイメージするためです。

彼らが普段、どこでコミュニケーションをとっているのか。

どんな生活を送っていそうか。

これは主に2ｃｈやAmazonのオナホのクチコミ、Twitterの裏垢等を中心に見ていました。

ブログにまとめている人もたまにいますが、「対外的に発信すること」を目的とする文章のことが多く、ある程度体裁を守っている発言がほとんどです。

それに対して**スレッドやクチコミ、Twitterなどは、気軽に書き込めるため、彼らの本音が落ちている可能性が高い**です。

また、その界隈で使われる独特の共通言語などの把握ができるというメリットもあります。

これらの「界隈あるある」が商品ＬＰ（ランディング・ページ／広告から飛んだ先に表示されるページ）を作る際に非常に役に立ちます。

そこでわかったことは「現在パートナーがおらず、手でのマスターベーションに飽きてオナホを使い始めた人が多そう」ということや**「オナホのヘビーユーザー界隈では、オナホを使えば使うほど素材が劣化してやわらかくなるのが逆に気持ち良いという、〝覚醒〟という現象が認知されている」**ということでした。

〝覚醒〟というワード、めちゃくちゃエロいなと直感的に思いました。

私の中では、「オナホを調教する」イメージが頭をよぎっていました。

4 彼らが憧れている状況・恐れている状況を知る

最後に、彼らが憧れている状況をリサーチしましょう。

彼らが憧れている状況とは、インサイトの表における「1．彼らにとって、理想の状態は何か。本当はどうなりたいのか」のヒントになりうるからです。

逆に「彼らが恐れている状況」を探すのも効果的です。

それの裏返しもまた、「1．彼らにとって、理想の状態は何か。本当はどうなりたいのか」を導き出すヒントになることがあります。


オナホユーザーの憧れている状況や恐れている状況を分析すると、憧れている状況としては「女の子が自分好みに従順に育っていく」や「オナホを使っているものの、本当のセックスの良さも楽しんでいきたい」、恐れている状況としては「オナホを使っていることを家族や友人にバレたくない」や「自分に合わないオナホを購入してしまい、何度も買い直したくない」、「使用後に精子を洗い流し、部屋干しするときに虚しさを感じる」などがありました。

今回の場合、憧れの状況は「女の子が自分好みに従順に育っていく」、恐れている状況は「自分に合わないオナホを購入してしまい、何度も買い直したくない」を念頭に置いて商品を設計しました。

この詳細な解説は第3章で。

② 対象者を見つける

事前リサーチがある程度済んだら、インタビューをする対象を見つけます。

まずはターゲット顧客になりうる層をセグメントに振り分けて、「どういう人を探したらいいのか」を決定します。

セグメントの切り口は様々ですが、「市場に対しての理解が浅いので、とりあえず解像度を高めたい」という人は、商材に対して、

・これから買おうか検討している人
・現在も使っている人
・過去に使っていた人（現在は使用していない）

というふうに分けるのがおすすめです。

インタビューする対象は、

・オナホに興味がある人（これから買おうか検討している人）
・オナホを使っている人（今も買っている人）
・オナホを使っていた人（なんらかの理由があって使うのをやめた人）

の大きく3つに分けていました。

「オナホに興味がある人（これから買おうか検討している人）」には、「どうしてまだ買っていないのか」を聞くことで、購入の心理的ハードルが明確になります。

「どうして買っていないのか」の理由を解消する訴求も考えられるため、商品LPを書くときに購入を促すための訴求ヒントが見えやすくなるメリットもあります。

「オナホを使っている人（今も買っている人）」には、購入するときの選び方や使っているときの悩みなどが聞きやすいです。

これは新しい商品設計やコンセプトを作る際のヒントになります。

「オナホを使っていた人（なんらかの理由があって使うのをやめた人）」には、「どうして使用をやめたのか」を聞くことで、既存商品の問題点がわかり、新しい商品の設計に生かせます。

n＝1のインタビューのメリットは、とにかくインサイトを深掘りできることです。

深いインタビューをとにかく数多くこなし、様々なターゲット顧客層を深く理解し、「どの意見がマジョリティでどの意見がマイノリティなのか」を肌感覚でわかるようにすることを目標にしました。

とはいえ、「オナホ使っている人〜〜〜！　話聞かせて〜〜〜〜！」と叫んだところでみんな手を上げにくいでしょう。

渋谷のスクランブル交差点で通りすがりの人に「オナホ使ったことあります？」なんて聞いたら、お縄になります。

インタビュー対象を見つけることすら大変でしたが、いろんなやり方でなんとか100人近くのインタビューに成功しました。

ティンダーで男性とマッチしてご飯を奢る代わりに話を聞いたり、SNSで「性欲が強い男」のアカウントを作って仲間を探したり、ときには恥を捨てて友人に聞いたりしていました。

また、「インターネットに浸かっているオタク層が多い」という仮説をもとに、2ch系のインターネット掲示板での情報発信もたくさん見ました。「オナホ」という直球な話題の掲示板だけでなく、「彼女の作り方」や「気持ち良いオナニーのやり方」、「家で1人でできるおすすめ娯楽」など、オナホとの関連度が低いものも片っ端から見ていました。

彼らになりきったつもりでネットサーフィンをするのです。

注意点として、**「対象者が滞在していて、本音を言いそうな」場所を選びましょう。**

オナホの場合は、「対象者が２ｃｈを見ていそう」という仮説があったので２ｃｈ系のインターネット掲示板を見ていました。

もし中年女性向けダイエットだったら、ガールズちゃんねるを見ていたでしょう。

もしadidasのマーケティング担当者だったら、ＬＩＮＥオープンチャットのスポーツ関連を見ていたと思います。

男友達に既存のオナホを１００種類送りつけて全て使ってもらい、「どのオナホが」「なぜ良いのか」まで言語化してもらったりしました。

流石に使っているところを眺めるわけにはいかないので、使っているところを電話で実況してもらったこともあります。

電話越しに喘ぎ声を聞いている間、「これ何の時間だろう」と思いつつも、これこそまさに「使っている間の本音」がダダ漏れだったので、インサイトを探る良い時間でした。

ある程度、市場に対して理解が深まってきたら、今度は仮説を立ててセグメントを分けてインタビューをするのもおすすめです。

私はオナホを使っている層として「現在、特定のパートナーがおらず、手でのオナニーに飽きてオナホを使い始めた人が多いのでは？」という仮説を立てました。

「現在、特定のパートナーがいなくて、オナホを使っている人」を探してインタビューで深掘りした結果、「特定のパートナーがいたことがなく、セックスの経験がない。だから〝穴に入れる〟というセックスに近い体験をしたい」というインサイトを見つけることができました。

この場合は、「めちゃくちゃ刺激の強いオナホ」よりも「女性器の構造に近いオナホ」のほうが需要がありそうですよね。

「セックスの経験がない層」へのインタビューをしたあとは、**真逆の層へのインタビューもします。**

「セックスの経験がめちゃくちゃ多い層」に話を聞くと、彼らは性快感への関心が高いにもかかわらず、オナホには全く興味がないことがわかりました。

その理由は「女性を口説いて、セックスという快感の時間を一緒に過ごすことが楽しいのであって、オナニーで刺激だけ与えられても楽しくない」ということでした。

実際に彼らにオナホを使用してもらいましたが、「使い終わったあとに、使用済みのオナホを洗面台で洗い流しているときの虚無感がすごかった……」というネガティブな声が多く、「セックスが好きな人は性関心が高いから、きっとオナホも好きだろう」という仮説は間違っていたことがわかりました。

（余談ですが、意外なターゲット顧客層として、既婚者もいました。配偶者が妊娠して、その間の性欲処理として、配偶者に許可をとった上で使っているそうです。これはあまりに特例で母数が少ないので商品化には向きませんが、意外なところにインサイトがあるものだなあと実感しました）

そこでインタビュー対象は「性経験が少ない人」をメインに絞る方向となりました。

③ インタビュー前半の作法

インタビュー前半は**「どうして？」責め**をして、相手の考えをひたすら深掘りしていきます。

まず入りの質問としてよく使うのが、

「どうしてオナホが欲しいの？」

「何を基準に買ってるの？」

「どこで買ってるの？」

「なんでこれを買ったの？」

「逆になんでこれは買わなかったの？」

「いくらくらい予算を使っているの？」


あたりです。

あとは**「どうして？」責め**を行います。

「オナホを購入したことがある」という人へのインタビュー

「どうしてこれを買ったの？」

「パッケージが可愛かったから」

「どうして？　どこが可愛かったの？」

「パッケージのアニメキャラの女の子が可愛い」

「どうして？」

「なんか清純そうだから」

「どうして清純なのがいいの？　オナホだから関係ないんじゃないの？」

「言われてみればそうだね。やっぱり馴染みのある絵柄とかタイプの女の子のパッケージだと安心するのかも」

「確かに、カイジ風の絵柄のオナホは手に取りにくいかもしれない」

こんな感じです。

激詰めしているわけではありません。

インタビューされる側からすると、質問の意図がよくわからず、最初から的確に回答できるわけではないので、少しずつ少しずつ掘っていきましょう。

詰めていくうちに、相手も**「あれ、実は今まで言っていたことは適当に言ってただけかも。本音はこっちかもしれない」と気づくことがあります。**

これを極めたい人は、「傾聴力」や「コーチング」をあわせて学ぶのもおすすめです。

インタビューで大事な心構え

私が一番大切にしているのは「本気で相手に興味を持つこと」です。

インタビューをしている最中に考えていることは、「商品開発に有益そうな情報を引き出そう」ではなく「その人が考えていることを心からよく知りたい。自分の役に立たなくてもいいから、私は今、この人に興味がある」です。

有益そうな情報だけを聞き出そうとすると、誘導的な質問をしてしまいます。

「その人すらも気づいていないインサイト」を見つけるためには、その人がポロ

リとこぼした本音こそ拾っていくべきで、本音をポロリとこぼしてもらうためには、その人自身に興味を持ったときだけ気づける着眼点を大切にしたり、「自分に興味を持ってもらえている」という安心感を作り出したりすることが大切なのです。

そのために私は、「本気で相手に興味を持つ」ようにしています。

相手の価値観を楽しめる人は、かなりマーケティングに向いていると思います。

「人に興味を持てる」のは才能です。

ただ、「人に興味を持ちにくい」という人も安心してください。

インタビューの事前準備で、その市場へのリサーチをしっかりしていれば、ある程度までは自然と興味や質問が湧いてくるはずです。

逆に、対象の人への興味が湧かず、質問が全く出てこないということは、リサーチが足りていないのです。

その場合は、もう一度リサーチからやり直すことをおすすめします（また、テクニックとして傾聴力についての本を読むのもおすすめです。最も、それらの本でも最終的には「相手に興味を持つこと」を勧めることが多いですが……）。

気をつけなければいけないのは、「人は本音と建て前を使い分ける」ということです。

本人すら気づかずに建て前を言っている可能性もあります。

それはインサイトではないため、インタビューをしている間は**「これは本当に思っていることかな？」と常に考えながら聞くことが大切**です。

これを防ぐために、私は**「〇〇についてはぶっちゃけどう思う？」**という言葉をよく使います。

相手も「あ、これは世間体とか気にしなくていいんだな」「この人は、私の本音を聞いてもドン引きしなそうだな」と心理的安全性を感じてもらうことで、本音をより引き出しやすくなります。

マインドマップでインサイトを深掘る

インサイトをより深めるコツとして、私はマインドマップをよく作ります。

マインドマップのツールは色々ありますが、私はMindMeisterを使っています。

枝状に情報を並べられるため、膨大な数の情報をグループ分けして構造化するのに役立ちます。

人間の複雑な心理を整理するのにおすすめです。

私が作ったものを、ほんの一部ですが本の巻頭につけていますので、参考にご覧ください。

この時点では、実際のコンセプト設計に使えるか使えないかは関係なく、とにかく相手の心の中を深掘りして全て書き起こしていきます。

「どうして?」責めをしたり、事前準備でリサーチした内容の真偽を確かめたりしていきます。

もしインタビューがうまくいかない場合は、リサーチの量が足りずに的外れな質問をしてしまっているケースが多いです。

その場合は、もう一度リサーチからやり直すことをおすすめします。

④ インタビュー後半の作法

インタビューの後半では、**話を聞いた上での仮説を立てて、それを検証**していきます。

「相手はこう言っている（事実）」から、「ということは、こんなことを内心思っていそうだな（仮説）」を考えて、その場で確認（検証）をとっていきます。

例えば、こんな感じです。

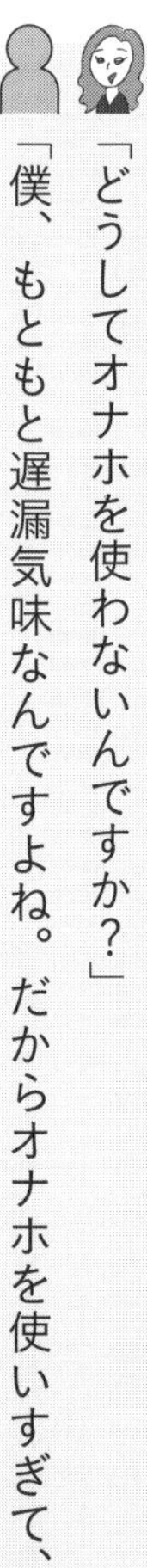

「オナホに興味はあるけど、購入したことがない人」へのインタビュー

「どうしてオナホを使わないんですか？」

「僕、もともと遅漏気味なんですよね。だからオナホを使いすぎて、本番でイけなくなるのが怖いんです」

「本物の女性器に近いオナホだったら怖くない？」

「あ〜〜、めちゃくちゃ良いかも。遅漏改善にも役立ちそうだし」

（実は、このインタビューから新たなオナホ商品が生まれました。後ほど書きます）

仮説は妄想レベルのしょうもないことでもＯＫです。

大切なのは検証して確認をとること。

妄想レベルの仮説でも、意外と相手にハマることがあります。

あっていれば「めっちゃそれ〜！」とビンゴな反応をしてくるのですぐにわかります。

逆に「あーー、そう、かも……？」くらいの反応のときは正直微妙です。

そのときは、「どのあたりが違うなって思った？」とまた「どうして？」責めを繰り返しましょう。

こんなことを繰り返して見つけ出したオナホユーザーの悩みと本音は、次のようなものです。


「自分にぴったりのオナホの選び方がわからない」

「素材のやわらかさも購入前に実際に触れられるわけではないし、内部構造も購入して実際に使ってみないと気持ち良いかわからない」

「オナホのクチコミはアテにならない。みんなチンチンの大きさも形も気持ち良いところも違うから、みんなが「良い」と言うからといって、自分に合うとは限らない」

「つまり購入前に、〝気持ち良いのかどうか〟の判断ができない」


また、1個あたりの値段が数千円するため「洗って繰り返し長く使えることを期待していたのに、使っているうちにすぐ壊れてしまってコスパの悪さを感じた」という声も複数ありました。

インサイト発掘のチェックポイント

- □ 顧客のニーズに関して思い込みはありませんか？
- □ ターゲット顧客の複雑な心の動きを可視化できていますか？
- □ インタビュー前のリサーチは十分にできていますか？
- □ 顧客になる可能性の高い人を見つけられていますか？
- □ 目の前の顧客に本気で向き合えていますか？
- □ インタビューで仮説の検証はできそうですか？

第3章

売れる商品コンセプトの極意

女子大生、オナホを作る

市場調査やインタビューを行ってインサイトを発見したら、いよいよ商品コンセプトを考えます。

D2C事業が成功するか否かは、商品コンセプトによって決まると言っても過言ではありません。

本章では、売れる商品コンセプトの極意についてご紹介します。

商品コンセプトを作るためには、

①様々なインサイトの中から1つを選び、その解決策としてのコンセプトを考える。
②商品名を考える。
③キャッチコピーを考える。
④そのコンセプトが売れるかどうかを検証する。

をしていきます。

まずは、私が作ったオナホを例に、良いコンセプトとは何かを解説します。

そして売れる商品名の付け方、顧客を引き寄せるキャッチコピーの考え方、コンセプトの検証方法をご紹介します。

また、コンセプトを考えるにはインサイトを踏まえた上での発想力が必須です。

発想力を鍛えるには、日常で様々なインプットをする必要があります。

そこで、私が事業をやる上で役に立った体験もいくつかご紹介します。

1

良いコンセプトとは何か？
～まさにこんな商品が欲しかった！と言わせる方法～

インタビューをするうちに様々なインサイトを見つけるでしょう。

その中から「まだ解決されていない重大な悩み」を選び、未解決かつ深刻度の高い順番にインサイトを検討して、その解決策（コンセプト）が提供できないかを考えます。

「自分にぴったりのオナホの選び方がわからない」

「洗って繰り返し長く使えることを期待していたのに、使っているうちにすぐ壊れてしまってコスパの悪さを感じる」

「オナホユーザー界隈では、使用を繰り返すと素材が劣化して
気持ち良くなる〝覚醒〟という伝説現象がある」
（これは調べてみると、ある特殊な素材が混ざっているオナホールに起こる現象でした）

商品名「淫乱覚醒～〝アナタ好み〟になりたいの～」
コンセプト「使えば使うほど、素材が形状変化して
自分のチンチンに馴染む育成型オナホール」

などの情報をヒントに、こんなオナホを作ったら、割とヒットしました。

通称「育てるオナホ」。

「使えば使うほど、素材が形状変化して自分のチンチンに馴染む育成型オナホール」というコンセプトの中に、「どんな人でも、まずこのオナホールを買えば間違いないということ」、「育てる前提のため、長く使えること」を暗に意味しているため、これらの悩みを抱えている人

に刺さるという設計にしました。

当初は、「パーソナライズオナホ」として、ZOZOスーツのチンチン版のようなものを考えていましたが、自分のチンチンのデータを企業に送るなんて、ターゲット顧客は抵抗あるだろうなと思ったので、こちらの「育てるオナホ」にしました。

商品をリリースしたとき、SNSで「そう、まさにこんな商品が欲しかった!」という言葉をいただきました。

この**「そう、まさにこんな商品が欲しかった!」**が**コンセプト大勝利の証**になると思っています。

良いコンセプトってなんだろう

「良いコンセプト」とはなんでしょう。

まず〝性質要件〟としては、

1．ターゲット顧客がまだ解決していない悩みを、解決できるもの

2. 同じコンセプトで売り出している商品が、まだ市場に存在していないこと
でしょう。

そして〝表現要件〟としては、

1. その商品が持つ最大の特徴と、それによるユーザーベネフィットがすぐにわかること

2. 1文で表現できること（端的であること）

です。


これはキャッチコピーとは全然違います。

キャッチコピーは、「聞き心地をよくする」「情報を削ってでも印象を残す」などが目的になりますが、**コンセプトの表現は「商品の良さとベネフィットを端的に伝えること」が目的になる**からです。

だからコンセプトの表現は、かっこ良くなくていいのです。

一言で商品の情報が伝わることが第一優先です。

この「育てるオナホ」を思いついたとき、正直「いや絶対これじゃん！」という確信は……ありました（笑）。

しかし、製造の最小ロット数がかなり多く、失敗したらオシマイなので、コンセプトの検証を念入りにすることにしました。

「売れる商品名」の付け方
〜商品名でコンセプトを伝える〜

① 商品コンセプトを、商品名で表現する

お客さんに対してできるだけ早い段階で商品の良さを伝えるため、商品名にもコンセプト要素を含ませました。

コンセプトとは、**他の商品にはない、その商品の最大の強み**です。

顧客が購入の比較検討段階において、商品説明をじっくりと読まないことも多い

ため、少しでも早く顧客にコンセプトを伝える必要があります。**商品名を聞くだけで「あ、こういう商品なのかな」となんとなく察せるようにします。**

例として、「いきなり！ステーキ」はめちゃくちゃわかりやすいです。「ラーメン感覚で、気軽にステーキを食べたいなあ」という人に対して、「うちは、最初からステーキだけ出てきてサクッと食べれるよ！」というお店の特徴を、店名にも表現しています。

最近は、ウーバーイーツなどにも最適化するように、「なぜ蕎麦にラー油を入れるのか。」など商品の特徴を店名に反映している店舗が増えてきましたね。店名を一覧で見たときに、店の特徴が即座にわかるため選んでもらいやすくなります。

私が応援しているノンワイヤーブラ専門D２Cブランド「ＢＥＬＬＥ ＭＡＣＡＲＯＮ」の「24ｈブラ」も「24時間つけていられるくらいつけ心地がよいブラジャー」という特徴を端的に表現しています。

また、小林製薬の商品はコンセプトを超わかりやすく表現しているものが多いので参考になります。

例えば、シミを防ぐ化粧水「ケシミン美容液」や、アルコールによる頭痛に効く薬「アルピタン」、ガス溜まり改善薬「ガスピタン」、蓄膿症に効く薬「チクナイン」などがあります。

私が大好きなYouTubeチャンネル「考えすぎちゃう人」も、動画を再生せずとも、動画一覧を見るだけで「アニメなどの解釈を考えすぎたらどうなるのかという動画なんだな」など、察しがつく表現に統一されています。

このように、コンセプトを商品名で表現すると、悩みを持っている人が比較検討段階で見逃しにくく、選んでもらいやすくなります。

②既存の競合商品名と「違うパターン」でインパクトをつける

商品名で目を引くために、既存の競合商品名とは「違うパターン」を使うのも効果的です。

私の場合は、「違う文字列」を用いました。

当時のオナホ市場では、既存の競合商品名はカタカナが多かったため、私が企画した新商品「育てるオナホ」の商品名には四字熟語をあて、「淫乱覚醒」としました。

先ほども例に挙げた「なぜ蕎麦にラー油を入れるのか。」という蕎麦屋も、それまでの蕎麦屋では「〇〇屋」「〇〇そば」がよくあるパターンだった中で、あえて文章を店名にするという「違うパターン」で目を引きやすくしています。

さらに疑問系の文章にするという、キャッチコピーではお馴染みのテクニックを店名に使うことで、よりインパクトのある店名になっています。

商品名を付けるとき、「なんとなくそれっぽい商品名」を付けてしまいがちです。しかし「なんとなくそれっぽい」とは、競合商品たちがこれまで作り上げてきた文化のため、競合商品と似たようなものになってしまいます。

せっかく競合商品とは異なる良いコンセプトを作っても、競合商品に埋もれてしまうと顧客の目にとまらなくなります。

顧客に選んでもらうために、あえてこれまでと「違うパターン」を用いて、商品棚で少しでも目立つ工夫を忘れないようにしましょう。

3 顧客を引き寄せるキャッチコピーの付け方
～いかに顧客を期待させられるか？～

① コンセプトの主旨からズレない

キャッチコピーの目的は、**コンセプトの主旨を語呂よくキャッチーに伝えること**です。

よくあるミスには、キャッチーさに走って「コンセプトの主旨を伝える」という本来の目的を忘れ、コンセプトから大幅にズレたコピーを作ってしまうというものがありますので、注意しましょう。

例えば、エナジードリンクのコピーを書くとき、「喉を潤す」などと書いてしまうのはNGです。

エナジードリンクは、顧客のパフォーマンスを上げるためにあります。

ミネラルウォーターのように「喉を潤す」ために存在しているわけではないため、このようなコピーは不適切です。

「そんなミスしないでしょ」と笑うかもしれませんが、いざ実践しようとすると「キャッチーに伝えよう」と考えているうちに陥りやすい落とし穴なのです。

② 顧客が理想とする、ワクワクするゴールを混ぜる

また、**顧客が理想とする、ワクワクするゴールをキャッチコピーに混ぜます。**

それにはまず、**「その商品を使うことで、顧客は最終的にどんな状態になったら**

最高なのか」を定義します。

『ドリルを売るには穴を売れ』という本があるように、顧客が購入するのはそのモノ自体(ドリル)ではなく、「そのモノを手にすることで得られるメリット(穴)」です。

オナホの場合は、「気持ち良くなること」がワクワクするゴールになります。

モノによっては、**さらに未来のゴールを定義して混ぜるのも効果的**です。

例えばシャンプーの場合、ドリルであるシャンプーを使って得られる穴は、「ツヤツヤな髪の毛や健康的な頭皮になること」だけでなく、「ヘアスタイルがキマってモテるようになること」だったり、「毛根がしっかりして脱毛の不安がなくなり、笑顔で日々を過ごせるようになること」だったりします。

もちろん、あまりにも飛躍したゴールは逆効果になります。

しかしターゲット顧客を定義して、彼らが理想とするワクワクするゴールを混ぜ込むことで、「この商品は、私が求めていることをわかっている！　この商品を買えば、私の生活はより良くなるかもしれない」という期待感を持たせて目を引くことができます。

③ 多少情報を減らしてでも、一発で気を引く

良いキャッチコピーには「他の商品と比べて何が違うのか」というコンセプトが、見た人の気を一発で引く表現で示されています。

一目で興味を持ってもらうためには、多少情報が減ってしまっても構いません。

「多少情報が減ってしまってもいい」理由には、

1．実際に商品宣伝で使えるコピーには文字制限があるから

2．「その商品のターゲット顧客」の気を引くことに成功し、商品の詳細説明さえ見てもらえれば、そこでコンセプトをきちんと説明できるから

という2点があります。

それぞれ詳しく見ていきます。

1 実際に商品宣伝で使えるコピーには文字制限があるから

人間が瞬時に識別できる文字数には限界があります。

「キャッチーに伝える」とは、顧客の目にとまりやすい表現をするということです。長い文章は、顧客が理解するのに負荷がかかるため、読むのをやめて他の商品に目移りしやすくなります。

コンセプトを作る段階で、すでに少ない文字数で表現できていれば問題ありませんが、もし14文字以上になっている場合は、13文字以下に削ることをおすすめします。

2 「その商品のターゲット顧客」の気を引くことに成功し、商品の詳細説明さえ見てもらえれば、そこでコンセプトをきちんと説明できるから

キャッチコピーでは、コンセプトを厳密に説明する必要はありません。「その商品がターゲットとする顧客」の目にとまって「この商品のコンセプトの詳細が気になる」と気を引くことができれば十分です。

顧客の視界に商品が入ってから購入されるまでの大きな流れは、**「差別化→期待→確信」**です。

まずはコンセプトを含んだ商品名で「この商品は、他の商品と違って私の悩みを解決してくれるかも？」と目にとめます（差別化）。

次に顧客が理想とする、ワクワクするゴールを含んだキャッチコピーで「この商品は私が理想とするゴールへと導いてくれるかもしれない」と使用後の未来にワクワクします（期待）。

ここまで来てやっと、顧客は長文の商品詳細を読む気になります。

そして商品詳細で、コンセプトや商品の説明、その根拠を読んで、「この商品は、他の商品ではは解決できない私の悩みを解決してくれて、私が理想とする、ワクワクするゴールへと導いてくれる！」と信頼します（確信）。

キャッチコピーは、顧客が購入を決断するまでの過程でしかありません。

キャッチコピーのゴールは、「その商品がターゲットとする顧客に商品詳細を読んでもらうように繋げること」です。

そのためには、情報が多少足りなくても問題ありません。

だからと言って「①コンセプトの主旨からズレない」で解説したように、コンセプトとズレたキャッチコピーで呼び込みを行っても、その商品が提供できる解決策とは異なる期待を持った顧客を、商品詳細欄でがっかりさせるだけです。

あくまでも、**コンセプトの主旨からズレずに「その商品のターゲット顧客」の目にとまり、「商品の詳細を知りたい」と思ってもらえるキャッチコピーを作りましょう。**


オナホの「使えば使うほど、素材が形状変化して自分のチンチンに馴染む育成型オナホール」というコンセプトは、「使うほどに気持ちよくなる!?」というコピーになりました。

「使うほどにチンチンに馴染んで気持ち良くなる」というコンセプトの主旨を守りつつ、「気持ち良くなりたい」という顧客の理想のワクワクするゴールを提示し、顧客が瞬時に識別できる13文字に抑え、「どういう仕組みで、使うたびに気持ち良くなるんだろう？」と疑問に思わせることで、商品詳細へと読み進めたくなるようにしました。

コンセプトの検証
～既存商品と比較してなお欲しいと思ってもらえるか～

①「既存の競合商品に勝てるコンセプト力があるかどうか」を検証する

どれだけ念入りなインタビューの上にコンセプトを考案したとしても、商品化する前には必ず検証をしなければいけません。

コンセプト検証の目的は、「自社の新商品のコンセプトが、既存の人気競合商品のコンセプトよりもターゲット顧客から選ばれるものなのか」を確認することです。

つまり**「既存の競合商品に勝てるコンセプト力があるかどうか」**です。

コンセプト検証論として、「口頭での検証ではなく、顧客が実際にお金を出すのかも検証するべき」という意見もあります。

しかし私は、**ターゲットとする顧客が「その悩みについて、すでに一定のお金を払った経験がある」場合は、スキップしてもいい**と思います。

なぜなら、彼らはその悩みについてお金を払ってでも解決したい意思があり、かつ、実際にお金を払ったという事実があるからです。

同じ悩みを解決しようとする既存商品を上回る自社商品があれば、お金を払う対象が自社商品に切り替わるだけです（もちろん、ターゲット層が「まだその悩みについてお金を払った経験がない」場合は、実際にお金を払うのか？から検証したほうがいいでしょう）。

しかし**自社の新商品が、既存商品の相場価格よりも著しく高い場合は注意が必要**です。

ターゲット顧客が、それまでその悩みを解決するために購入していた既存商品が3000円だったとして、自社商品が5000円だった場合は、当たり前ですが切り替えのハードルが上がります。

高い商品を売る場合は、「出費を増やしてでも買いたいと思えるくらい魅力的なコンセプトであること」も検証する必要があります。

つまりコンセプトの難易度がさらに上がります。

そのため、アンケートでは、**既存商品と自社商品の価格とコンセプトを明示した上で、「どの商品が欲しいか」を聞きましょう。**

彼らが自社の新商品を「既存商品と比較してでも欲しい」と思うのであれば、その商品を市場に投入したら必ず売れます。

②「自社商品のコンセプト」を「競合商品のコンセプト」と戦わせるアンケートを作る

アンケートの取り方は、大きい会社の場合は調査会社を使うことが多いようです。しかし私はそこに予算を使うのはもったいないのと、「事業の核となる重要な部分は、自分で一貫してやるべき」という思想だったため、自分でアンケートを取ることにしました。

アンケートの内容はこのようにしました。

◎アンケート内容（「現在、オナホを買おうか検討している人」が対象）

質問1：過去にオナホを購入したことがありますか？（選択式）

回答①：はい
回答②：いいえ

質問2：この中からオナホを買うとしたら、どれが一番欲しいですか？（選択式）

回答①：「使えば使うほど、素材が形状変化して自分のチンチンに馴染む育成型オナホール」（自社の新商品コンセプト）
回答②：【既存の人気競合商品Aのコンセプト】（大人の事情で名前は伏せます）
回答③：【既存の人気競合商品Bのコンセプト】（大人の事情で名前は伏せます）
回答④：【既存の人気競合商品Cのコンセプト】（大人の事情で以下略）

質問3：それを欲しいと思った理由はなんですか？（自由記述）

（　　　　　　　　　　　　　　　　　　　　）

質問1では、過去にオナホを購入したことがあるかを聞くことで、「その商品や

悩みについて一定のお金を払った経験がある層」へ絞ります（今回は、「すでにオナホを購入したことがあるものの、既存商品では満足ができなかった層」がターゲットのため、この質問で「はい」と答えた人の意見を主に参考にします）。

質問2にて、いよいよコンセプトの検証をします。

「その市場で上位を占める」かつ「自社商品と似た悩みを解決しようとする」競合商品のコンセプトと、自社商品のコンセプトを選択肢として並べます。

これで自社商品のコンセプトが一番に選ばれるなら、自社商品のコンセプトは需要があり実際に販売しても売れるということになります。

つまりコンセプトの仮説が当たり、実際の商品化に進んでいいと言えるでしょう。

もし他の競合商品のほうが選ばれる場合は、残念ながら前提から考え直したほうがいいです。

市場規模が大きければ、細々と利益が出るかもしれませんが、「大ヒットするコンセプト」ではないからです。

もしあなたが、市場での人気商品を入れ替えるようなヒット商品を作りたいなら、ターゲット層を変える(「過去にオナホを買ったことがある層」から「過去にオナホを買ったことがないが、買おうか検討している層」に変更するなど)か、そもそも0からコンセプトを考え直すことをおすすめします。

質問3では、それを欲しいと思った理由を聞くことで、顧客のインサイトの仮説検証が行えます。

自分が想定していたインサイトの仮説検証だけでなく、質問2で自社商品のコンセプトを選んだものの質問3では想定外の理由を回答した人からは「自社商品で解決できる、他の意外な悩み(自社商品の新たな強み)」を発見できたり、質問2で他社商品を選んだ人からは「他の商品で解決できる、顧客のより強い悩み」を発見できます。

これはコンセプトを考え直したり、キャッチコピーを練り直す際に参考になる非常に貴重な情報になります。

③ そのターゲット層が多く集まる場所を定義してから、アンケートを取る

アンケートは、対象とする人をできるだけ多く集めて回答してもらう必要があります。

それには2つの方法があります。

「彼らがいる場所に自分が行く」か「彼らを集める行動を自分が取る」ことです。

前者はフィールドワークでのアプローチ、後者はＷｅｂ上でのアプローチ（広告配信やクラウドワークスで回答者を募るなど）になりやすいです。

後者は費用がかさみやすいため、私は前者「彼らがいる場所に自分が行く」ことにしました。

まずは、「今、オナホを買おうとしている人」がいる場所はどこなのかという定義

をします。

結果、秋葉原の某アダルトグッズビルの前で待機して、そこから出てくるお客さんを呼び止めてアンケートを取ることにしました。

しばらくすると警察がすっ飛んできて、こっぴどく叱られました。

「公序良俗違反」かと思いきや「道路交通法違反」だったそうです。

「もうやりません」と誓い、無念ながら退散しました。

どうやら路上アンケートを取るには、所轄の警察で道路使用許可申請が必要だったそうです。

反省です。

路上アンケートをやる人は必ず申請しましょうね。

しかし幸いなことに、退散する頃にはある程度回答が集まっていました。

集計の結果、ターゲット層のうち、自社商品の「育てるオナホ」を選ぶ人が90％超えで圧倒的1位。

また「育てるオナホ」を選んだ理由も「せっかく買ったオナホが自分に合っていなかったら悲しいから」が多かったのです。

インタビューやコンセプト考案時での仮説がまさにヒットしていたこと、そのソリューションとして「育てるオナホ」は顧客にとって魅力的であるということが検証できました。

やったー！　販売決定だ！

番外編

良いコンセプト考案のために役に立つおすすめ体験

コンセプト考案に必要なのは、**「一般的な消費者感覚を踏まえた上で、これまでになかったことを創造する大喜利力」**だと思います。

人はよくそれを**「クリエイティブ力」**と呼びます。

「一般的な消費者感覚を踏まえた上で」というのがミソで、**「これまでになかったことを創造する」には「これまでにあったこと」を熟知している必要があります。**

意図的にモラルを逸脱するにはモラルを知っている必要があるように、意図的に人を驚かせるにはどこまでが常識かを知らなければできません。

この世界で事業を作る上で、一般的な消費者感覚は無視できません。

毎日「人々が〝良い〟と感じているもの」や「そのとき流行しているもの」は、常に吸収できるように意識しましょう。

その上で、自分だけの独特な体験を持っていると、そこから学んだことが強みになります。

他者の体験からヒントを得るのもいいですが、やっぱり身を持って体験するのがおすすめです。

体験しないとわからない、自分だけの新たな発見が得られます。

私の例をいくつかご紹介します。

独特すぎて真似できないかもしれませんが（それが「強み」の特徴なので）、あなたが独特な体験をすることへの参考になれば幸いです。

1

学校で、シャケを焼く

～「常識的にはできない」ではなく「どうやったらできるのか」を考え続ける～

本書の冒頭でもご紹介しましたが、私は学校でお米を炊いたりシャケを焼いたりしていたことがありました。

当時、私は昼食を持参する派でした。

友人はみんな学食を利用していましたが、私は金欠だったので、毎日サンドイッチを作って食べていました。

ある日、一緒に昼食を食べていた友人たちからこんなことを言われました。

「リコピンはお米よりパン派なの？」

「お米派だよ」

「じゃあどうして毎日サンドイッチを食べているの？」

言われてみれば、どうして私は毎日サンドイッチを食べているんだろう？

お米派なら、別に、手作りの弁当でもおにぎりでもいいじゃないか。

改めて考えてみると、私は「冷めた白米が嫌い」だったのです。

冷めた白米を食べるくらいなら、パンを食べたほうがマシなので、無意識にサンドイッチを作っていました。


「それなら学校でお米を炊けばいいのか！」


そう思った私は、翌日から学校に白米と炊飯器を持参し、その場で米を炊くようになりました。

実は友人たちもみんな炊き立ての白米が大好きだったようで、炊いたものをみんなで分けあって食べるようになり、非常に好評でした。

自宅から持参したおかずでも、炊き立ての白米と食べると最高に美味しかったです。

しかし、人間とは強欲なもので、一度欲が満たされるとさらに上を求めるようになります。

ホカホカの白米を食べるようになった私は、今度は自宅から持参したおかずのシャケが冷めていることが気になりました。

「それなら学校でシャケも焼いたらいいのか!」

その翌日、七輪と生シャケを持参して、駐輪場で焼き、火災報知器とスプリンクラーを作動させてしまいました。

「家の外でも、炊き立てのお米が食べられたらいいのに」、「さらに、おかずも出来立てならなお良い」というインサイトがあり、それを再現した結果です。

規則には違反してしまいましたが、周囲の友人からは好評でした。

素直な「こうだったらいいのに」を純粋に再現するのが、「良い解決策(コンセプト)」

を生み出すコツだとわかりました。

「常識的にはできない」ではなく、「どうやったらできるようになるのか」を常に考え続けるのが大切です（もちろん、ルールは守りましょう）。

② マグロ漁船に乗る
～きつい環境に身を置いてみる～

とあるご縁があり、マグロ漁船員として1ヶ月労働しました。

なぜやろうと思ったかというと、過去に都市伝説で「借金が返せなくなると、内臓を売るかマグロ漁船に乗るかの二択を選ばされる」という話を聞いたことがあったからです。

「内臓を売る」のは、誰が考えてもきつい体験です。

しかし、「マグロ漁船に乗る」ことは、その並列の選択肢になるくらいきついらしいのです。

「内臓を売らずに、内臓を売るのと同じくらいきつい体験ができる」のは、「きつい」のコスパがあまりに良すぎるのでやるしかないと思いました。

マグロ漁船には、今まで出会ったことがないような、私にとって珍しい人たちが乗っていました。

母国にいる家族のために出稼ぎにきた外国人、「勉強が嫌で、なんかもう漁業で一攫千金を狙いたい」という野心を持った地元の青年など。

その中でも特に印象に残っているのは、**「バナナしか食べられない、超偏食なパナマ人男性」**です。

漁船内での食事は、その漁でとれたあまり美味しくないマグロの部位だけで作られたマグロ丼です。

彼が超しんどそうだったので、私が持ち込んだ「ソイジョイ バナナ味」を1本2000円で買わないかと持ちかけたところ、取引が成立してしまいました。

その土地において、需要と供給さえ一致していれば、あり得ない価格での取引も成立するのです。

富士山の上では、ミネラルウォーターが高値で販売されるのと同じです。

人間は、自分の強い欲求のためにはいくらでもお金が出せるということがわかりました。

特に食欲、睡眠欲、性欲の三大欲求はやはりアプローチしやすいようです。

また、「ソイジョイ　バナナ味」が1本2000円の値段がついた理由として、需要と供給が一致していた以外にも、そのパナマ人男性が「ソイジョイの通常価格を知らなかった」のもあると思います。

本来、コンビニやドラッグストアなどで100円程度で購入できる商品です。しかし、私が「これはものすごく美味しい！　個人的には、デパ地下で買うお菓子よりも好き」と言ったので、彼の意識の中では「デパ地下のお菓子より美味しいということは、定価が高いものなのかな？　今、どうしてもバナナ味のものが食べたい中、食料が限られている船の上ではこの高い値段なのも仕方ない」という認識や納得感があったそうです（船を降りてから、彼に種明かしをして謝罪と返金をした際に聞いたら、そう言っていました）。

ここから、本書でご紹介した**「強い欲求への解決策は高く売りやすい」**ことや**「相場が知られていないものは高く売りやすい」**ことを身をもって学びました。

③ ヒヨコのオスメス仕分けバイトをする
～みんなが知らない、珍しいことをやる～

地方にある、ヒヨコのオスとメスを仕分けるバイトをしました。

なぜなら、みんながあまり知らない、珍しい仕事だと思ったからです。

何百匹ものヒヨコをひたすらオスとメスに仕分けていく作業です。

実は、オスとメスを仕分ける目的は、「メスは卵を産ませるために育てる施設へ送り、オスは処分してフクロウの餌にするため」だったのです。

つまり、ヒヨコの生き死にを左右する作業。

気分は最後の審判でした。命への裁きを下す仕事なんて裁判官くらいだろうと思っていましたが、まさかこんなところにもあるとは。

さて、そんなヒヨコのオスメス仕分けバイトですが、マグロ漁船とは違って超低賃金バイトでした。

それにもかかわらず、その地域ではかなり人気のバイトのようです。

一緒に働いていた主婦に「どうしてこのバイトをやってるんですか?」と聞いてみると、「私、人と話すのがすごく嫌いだから、接客がない作業バイトが好きなの。毎日やることがないから、暇つぶしをしたくて。賃金は低いけど、私が嫌なことをしなくて済むし、良いバイトなの」と言っていました。

かくいう私も「珍しい仕事だからやりたい」という理由で、わざわざ東京から地方まで移動して、交通費と宿泊費だけで大赤字になる時給で働いています。

その主婦と私に共通しているのは、「給料以外に、その仕事をやりたくなる価値があった」ということです。

これもある意味、需要と供給が一致しています。

労働の価値を「お金を稼げる」から、「人と関わらずに暇をつぶせる」や「珍しい仕事で、新しい経験ができる」という、別の価値に変換することで、時給が高い他の求人よりも人気の求人になったのかもしれません。

大学生向けの長期インターンシップも、低時給でも応募が絶えません。「通常のバイトではできない経験ができる」という価値提供をすることで、需要と供給が一致するからです。

低時給であることも明示されている募集要項に対して、募集人員を満たすほどの応募がある時点で、市場としては成立しています。

マグロ漁船員の体験とヒヨコのオスメス仕分けバイトの体験からわかったことは、**既存市場に背く価格設定をしたい場合は、それまでとは全く違ったインサイトから価値を提供するとあり得ない価格でも市場を成立させられる**ということです。

これも、**「競合にはない独自のインサイトを作り出す」**メリットと言えるでしょう。

④ 自分と対極の存在とじっくり話す

～自分にはないインサイトを見つける～

自分と違うライフスタイルの人と交流するのも効果的です。

なぜなら、**育ちやライフスタイル、価値観によって、インサイトやその解決策が大きく異なる**からです。

自分の価値観だけでマーケティングをしないために、「世の中にはいろんな価値観の人がいる」ということを学び続ける必要があります。

商品のターゲティングを設定する際にも、「想定されうる顧客」のラインナップが増えます。

「自分と違う人」の軸は色々ありますが、私が「自分と金銭やキャリアへの感覚が違いそうな人」を探したときのお話をします。

まずは、「自分」について棚卸しをします。

私は、自分のことを「収入が不定期で、金額も安定しない人」と定義しました。

その対極は「収入が定期的で、金額が安定している人」です。

その極みは公務員なのではないか、と思い、公務員の知り合いを探しました。

残念ながら、知り合いには公務員がいなかったので、消防士をナンパして食事へと連れ出し、あれこれ話を聞くことにしました。


そしてわかったことは、**お金に対する考え方が全く違う**ということでした。

私はお金が足りなくなったとき「どうやって収入を増やすか」と考えます。

その結果、仕事を増やしたり、事業をなんとか伸ばそうとしたりします。

それは収入が0円になる可能性があるものの、収入の天井がないからです。

インセンティブが豊富なベンチャー企業に勤務している人なども、成果を出して給与アップを狙ったりするでしょう。


一方、消防士である彼は、成果によって収入が上がるわけではなく、公務員のため副業もNGです。

「収入が減る心配がない代わりに、収入を爆増させる方法もない」のです。

だからお金が足りなくなったとき、「どうやって支出を減らすか」と考えるそうです。

その結果、食費をギリギリまで切り詰めたり、それでもお金が足りなければ持っている車を売ったりするそうです。

なんとなく「公務員の人はお金に悩んだことがないんだろうな」と思っていましたが、そんなことはありませんでした。

みんなお金についての解決策が、働き方によって左右されているだけだったのです。


ライフスタイルや価値観によって、同じ問題に対する、課題の感じ方や解決策が大きく違います。

これは、ユーザーインサイトを考える上で、非常に大切な学びとなりました。

このサンプルを集め続けることは、マーケティングにおいて大きなヒントになるでしょう。

「なかなか人に会う時間が取れない」や「自分と違う属性の人を探すのが難しい」という人は、本を読むのが手っ取り早いです。

自分とは違う立場の人の体験や意見を吸収できるので、インサイトの幅を広げられます。

見知らぬ個人のSNSを漁って、日々の発信を観察するのもおすすめです。

プロフィールに属性が書いてあることが多いので、たくさん見ているうちに、「こういう属性の人は、こういうことを考えがちなんだな」というように価値観を推測することができます。

⑤ 相手の世界観に没入する

～人が「面白い」と思うものを、心から楽しむ～

人が「面白い」と言ったものを、全力で楽しみ、相手の世界観に没入してみましょう。

なぜなら、**「面白い」と思われるものには、必ず理由があるから**です。

その理由を集め続けると、人が面白いと思うものを作るための手札となります。

私はよく、出会った人に「最近、面白かったものは？」「今、ハマってるものは？」と聞きます。

映画、アニメ、趣味、様々なことを聞いて、自分も見たりやったりするようにします。

そのときの心構えとして重要なのは、**試してみるという感覚ではなく、「心の底からそれを〝面白いもの〟と捉えて全力で楽しむことで、相手の世界観に没入する」こと**です。

すると不思議と、それの何が面白いのかがじわじわと理解できるようになり、新たなニーズが見えます。

人が面白いと感じるものには、必ず理由があります。

流行っているものや、自分が興味のないものに対して、「理解ができない」「あんなものの何が面白いんだろう」と斜に構えるのはもったいないです。

普段自分がいない世界にこそ、思わぬヒントが転がっています。

私には、システマという格闘技にハマっている友人がいます。ソビエト連邦の独裁者ヨシフ・スターリンのボディーガードから教わったミハイル・リャブコによって創設された、ロシア式の軍隊格闘技です。ロシア伝統武術全般の共通理念である全局面戦闘、白兵戦における生存性の向上などを反映していて、ナイフ、槍、棍棒、拳銃、突撃銃などの武器に関する攻防技術が盛り込まれています。

他の格闘技とは異なる大きな特徴として「特別な呼吸法を使うことで、常に身体をリラックスさせ続ける」ことがあります。

初めてその話を聞いたときは、「システマの何が面白いんだろう?」と思いました。「格闘技がやりたいならシステマじゃなくても、空手やキックボクシングでもいいのでは? なぜあえてシステマを選んだんだろう?」と疑問に思いました。

友人に聞いても「なんかシステマはスッキリするんだよ」としか言わず、システマの面白さが全く理解できなかったので、私もシステマをやることにしました。

システマ教室に通い始めて、まず初めに感じた大きな変化は、システマをやっているとき以外にも常に呼吸が整い、身体の状態が楽になったことです。

座っているとき、歩いているとき、人と話しているとき、寝ているとき、料理をしているとき、どんなときも身体に余分な力が入らずに、ほどよく脱力した状態になります。

呼吸が整い、身体に対して必要以上に力を入れないと、マインドフルネスのような状態が持続して、以前よりも思考がクリアになった気がしました。

これはめちゃくちゃいい！

友人に伝えると「そうそう、それが良いんだよね」と言われました。

それまでは格闘技の面白さは「ストレス発散できる」「護身できるようになる」「運動不足を解消できる」だと思っていましたが、「常にマインドフルネスな状態を目指せる」という新たな面白さも発見できました。

自分の嗜好に合わないものでも、相手の世界観に没入することで「どうして面白いのか」を理解できるようになります。

このような「面白い理由」を集め続けると、人が面白いと思うような商品企画や事業を作るための手札となります。

自分の購買行動を把握する

~自分のインサイトを徹底的に言語化する~

自分の購買行動を把握して、徹底的に言語化するのもおすすめです。**自分が無意識に購入したものに対して「どうしてこれを買ったのか」を考え続けることで、消費者行動やカスタマージャーニーをより深く理解できるようになります。**

自分が買うもの一つひとつに対して、「なぜこの商品を買ったのか」と自問自答を繰り返します。

「どこでその商品を知ったのか」「なぜ他の商品を買わなかったのか」「今、持っているものではなぜ満足できないのか」「それを購入することでどうなりたいのか」など、〝「どうして？」責め〟を繰り返していきます。

「欲しい理由」をきちんと言語化できるようになると、思わぬインサイトに気づけるようになったり、キャッチコピー力が上がったり、ＰＲ戦略を思いつけるようになったりするなど、全般的なマーケティングスキルが上がります。

例えば、私が「メラノＣＣディープクリア酵素洗顔」を買ったときのことです。

ＳＮＳでバズっている商品で、一時期はどこでも売り切れていました。

ある日、ドラッグストアで買い物をしていると、たまたま商品が残っていたので購入しました。

今まで、通常の洗顔フォームしか使ったことがなく、これが初めての酵素洗顔を購入した瞬間でした。

日常によくある何気ない購買行動ですが、「どうしてこれを買ったんだろう？」と考えてみます。

私はかなり前から、「酵素洗顔」という存在は知っていました。

「酵素洗顔は、普通の洗顔フォームと違って酵素が配合されているため、汚れが落ちやすく、古い角質除去もできて、肌がツルツルになる」ということも知っていました。

「それなのに、なぜ今まで、他の酵素洗顔を買ったことがなかったんだろう？」

過去に、何度も洗顔フォームを変えることを検討して、ドラッグストアを彷徨ったことはあります。

そのとき販売されていた酵素洗顔は、「ファンケル ディープクリア洗顔パウダー」のような、パウダー状のものを洗顔1回分として角砂糖くらいの大きさに固めて、個包装されているものだけでした。

「なぜあの酵素パウダーは買わなかったのだろう？」

１回分ごとに個別包装されていると、使うたびに包装紙がゴミになります。

おそらく私は、浴室で顔を洗うたびにそのゴミを浴室に放置してしまうだろうと考えたのです（「浴室から出るときに、ゴミを持てばいいじゃないか」と思うかもしれませんが、どうしても忘れてしまうのです。個別包装の入浴剤を使うたびに実感します）。

よく考えると、これが「私が今まで酵素洗顔を購入しなかった理由」でした。

今回購入した「メラノＣＣ ディープクリア酵素洗顔」は、歯磨き粉のチューブのような容器に入っているため、普通の洗顔フォームと同じように使えてゴミも出ません。

だから購入したのです。

洗顔フォームを購入する最後の決め手が、「肌に良いから」などではなく、「ゴミが出ないから」だったというのは、我ながら大きな驚きでした。

この体験から、「日常的に使う商品は、その使用過程での手間を減らすような設計にすることも大切」ということを学びました。

購買行動の研究は数多くこなすことが重要です。

そのため私は、自分の買い物もとにかく分析します。

自分自身も、消費者の一人に過ぎないため、自分の購買行動を理解することもマーケティング戦略を考える上で大きな役に立ちます。

コンセプト考案&商品化のチェックポイント

- □ その商品は、未解決かつ深刻度の高い悩みに応えられていますか？
- □ 競合に同じコンセプトの商品はありませんか？
- □ なんとなくそれっぽい商品名を付けていませんか？
- □ パッと目を引くキャッチコピーになっていますか？
- □ そのキャッチコピーでワクワクする未来を想像できますか？
- □ 商品化前の検証は十分にできていますか？
- □ 独自の経験を大事にできていますか？
- □ 周りで評価されているものを常に吸収していますか？

第4章

AmazonD2Cの制し方

女子大生、オナホを売る

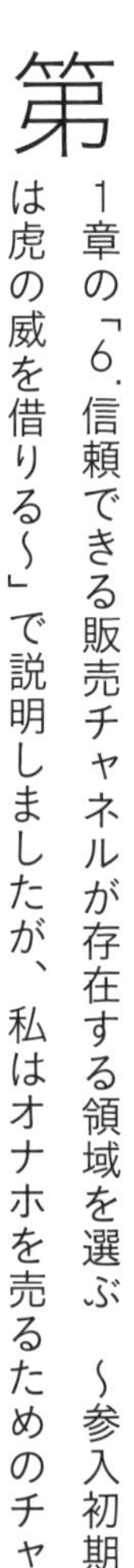

第1章の「6.信頼できる販売チャネルが存在する領域を選ぶ　～参入初期は虎の威を借りる～」で説明しましたが、私はオナホを売るためのチャネルにAmazonを選択しました。

販売チャネルにはAmazon以外にも様々なものがありますが、ここでは主に私が行ったAmazonD2Cの制し方を解説していきます。

大前提として、大きな販売チャネルを活用するメリットは、

・会員数が多い（チャネル自体に顧客がいる）
・信頼性が担保されている
・ユーザーが改めてアカウント登録などの作業をする必要がないので離脱率が減る
・ユーザーがサイトを使い慣れているため、購入フローに迷わず離脱率が減る

などが挙げられ、結果として最も重要な「購入率」が上がります。

当然、販売手数料を取られるというデメリットはありますが、限られた資本力で新規参入する私たちのようなプレーヤーにとってそれは微々たるものです。

いずれ自社サイトで販売して利益率を上げたいと考えていたとしても、まずはAmazonや楽天市場のような、すでにブランドとして確立されている販売チャネルを使い倒してからでも遅くはありません。


しかしこれはAmazonD2Cだけでなく、全てのチャネルにおいて商品を売ることに使える考え方やノウハウでもあります。

ぜひ、抽象化した上で、ご自身のビジネスに役立ててください。

1 売れる商品名の設定方法
〜悩み解決を期待できる名前になっているか？〜

Amazon上での検索結果一覧に合わせた、商品名欄の考え方を解説します。

Amazonで買い物をする場合、まずAmazon上で商品の検索をする人が多いです。

そのため、Amazon上で商品名欄を設定するときは、**検索結果に最適化する必要があります。**

検索結果の最適化と聞くと、「AmazonSEO対策」が思い浮かぶ人が多いのではないでしょうか（SEOというのは、検索エンジン最適化と呼ばれ、SEO対策というのは、自社の商品ページなどを検索に引っかかりやすくするためのテクニックを指しています。検索エンジンごとにSEO対策は変わります）。

しかし私は、AmazonSEO対策はほとんど意識していません。

その代わり、**「顧客の目を引いて、〝欲しい〟と思ってもらえるか」だけを重視**しています。

ハックをしていくというより、顧客にとって一番良いものを作るように意識するのです。

そのため、AmazonSEOでよくある、「検索ヒットしやすいように、商品名欄に検索キーワードをとにかく盛り込む」というようないわゆるハックはしていません。

なぜなら、顧客が「見にくい」からです。

ハックをすれば一時的にはAmazonSEOが上がるでしょう。

しかし本質は**「検索ユーザーが快適に買い物をできるのか」**です。

Amazonも「検索ユーザーの快適な体験」を目指しているので、AmazonSEOのアルゴリズムがアップデートされるにつれて、本質的ではない小手先だけのハックをした、検索ユーザーの快適な体験を阻害するような商品の順位は下がっていきます。

GoogleSEOの歴史と同じです。

GoogleSEOもはじめはアルゴリズムが乏しかったため、文脈を無視してキーワードをむやみに混ぜ込むなどのハックをしたコンテンツは、簡単に順位が上がっていました。

しかし「検索ユーザーが快適に情報を見つけられる」ということを目的としてアルゴリズムが進化していくにつれて、そのような検索ユーザーの体験を阻害するようなコンテンツは評価されなくなりました。

つまり、「SEOを上げること」を目的にハックをしても、長期的には意味がないのです。

結局はユーザーにとって、「有益で、無駄なストレスがなく快適に利用できる」コンテンツを作る「コンテンツマーケティング」の戦いになります。

ですからハックをしてSEOを狙うよりも、**検索結果を一覧で見たときに真っ先に目につくような商品名欄にすることのほうが何倍も重要**です。

「真っ先に目につく」とは、**「検索ユーザーが瞬時に判別できるくらい、わかりやすい」**ということです。

キャッチコピーの書き方でも説明しましたが、一瞬で識別されないものは顧客にとって目障りなものであり、そのまま見逃されてしまいます。

わかりやすさをさらに分解すると、一目見ただけで瞬時にその商品のコンセプトがわかり、顧客に「この商品は、他の商品と違って私の悩みを解決してくれるかも？」と目を引くということです。

検索結果で目を引く、視認性の高いタイトル付けをしていきましょう。

検索結果一覧から顧客の目を引いてクリックしてもらい、その顧客が期待する商品であれば購入してもらえます。

そうすると、クリックした人の中での購入率が上がるため、結果的にAmazonSEOでも評価されて、検索順位も上がっていきます。

小手先のテクニックではなく、顧客が快適に買い物できるような「わかりやすさ」を追求していきましょう。

商品名とキャッチコピーの役割分担

検索ユーザーが一目見ただけで瞬時にその商品のコンセプトがわかるようにするために、商品名欄ではコンセプトを端的に表現します。

キャッチコピーの考え方と似ていますが、キャッチコピーのフレーズをそのまま混ぜ込むのは掲載場所がもったいないので避けましょう。

なぜなら、キャッチコピーはパッケージに印刷するため、パッケージを載せたサムネイル画像ですでに表示されているからです（これは次項で説明しますので、今は気に留める程度で結構です）。

Amazon上では表示形式が決められており、表示できる情報量に上限があります。掲載箇所を無駄にしないために、できるだけ同じ表現を重ねないようにしましょう。


サムネイル画像ですでにキャッチコピーを伝えているため、商品名欄ではキャッチコピーの次に伝えたい情報を載せます。

つまりコンセプトをキャッチコピーとは違う表現で伝えます。

「育てるオナホ」の「淫乱覚醒」の場合は、「育成型オナホール」という表現を掲載しました。

商品名欄の設定では、AmazonSEOを下手に意識するのではなく、検索ユーザーが快適に買い物できるようにするために、わかりやすい表示を徹底しましょう。

「ターゲットとする顧客の目を引いて、クリックしてもらうこと」を目的において、商品名欄を設定することで、検索ユーザーの行動の質が良くなって商品のSEOスコアが上がり、結果的に検索順位が上がっていきます。

2

売れるパッケージの作り方
～ここも「とにかく目を引く」が最優先～

① パッケージ上に、キャッチコピーを入れる

Amazon の検索結果一覧を見れば一目瞭然ですが、画面のほとんどを商品のサムネイル画像が占めています。

だから「目を引く」サムネイル画像を作りましょう。

ここまでで何度も言っていますが、「目を引く」とは、「検索ユーザーが一目見ただけで瞬時にその商品のコンセプトがわかるようにする」ということです。「検索ユーザーの最も目に入りやすいサムネイル画像上で、商品のコンセプトを伝える」のです。

Amazon上では、サムネイル画像自体に文字を入れたり、効果線などを合成したりすることは規約違反になります。

そのときにおすすめなのが、**サムネイル画像にするパッケージ自体にキャッチコピーを印字する**という方法です。

この方法なら、キャッチコピーが入っているパッケージをそのままサムネイルにしているだけなので、サムネイル画像に直接文字入れをしているわけではなく、Amazonの規約違反を回避することができます。

当たり前ですが、サムネイル画像として画像サイズが小さくなっても、他の検索結果商品と並んだときにキャッチコピーがきちんと目に入るように、**「大きめ、かつ、見やすいフォントで」**キャッチコピーを印字しましょう。

② 場違いにならず、かといって埋もれないパッケージにする

Amazonの検索結果一覧において「検索ユーザーの目を引く」には、コンセプトが伝わることに加えて、**「場違いにならず、かといって埋もれないパッケージにすること」**が必要です。

そのため、パッケージデザインでは「なんかすごそう感」や「スタイリッシュさ」などのそれっぽさよりも、**「とにかく目を引く」を最優先に設計**しました。

色合いや商品名のフォント、キャッチコピーのフォント、キャラクターのイラストなど、全ての要素で「とにかく目を引く」を徹底したのです。

また「なんとなくかっこいいパッケージ」や「なんかそれっぽいパッケージ」のような、他の競合商品の最大公約数的なパッケージを作らないようにも意識しました。「それっぽい」を作ってしまったら最後、Amazonの検索一覧で埋もれるからです。

とはいえ、場違いなものを作ってしまうと、「これは求めている商品とは違うかもしれない」と、顧客を必要以上に警戒させてしまいます。

「場違いにならず、かといって埋もれないパッケージ」にすることが大切で、この塩梅を見極めるには、A／Bテストをするしかありません。

販売前に、トンマナだけでもA／Bテストをしましょう。

パッケージデザイナーに発注する際に、いくつか異なるトンマナを納品してもらうのがおすすめです。

キャラクターのイラストレーターも、絵柄の異なる複数人に発注をして、「場違いにならず、かといって埋もれない絵柄」のテイストもA／Bテストしました。

キャラクターはイラストだけでなく、AV女優風の実写テイストも用意しました（当時、予算が少なかったため、複数のプロイラストレーターに発注することができませんでした。そのためピクシブでイラストレーターを発掘して発注の交渉をしていました）。

テストのやり方は、コンセプトの検証と同じく、ターゲット層に直接デザインを見せて、「どれが一番欲しくなるか」というアンケートを取っていました。

その結果、オナホの場合は、ピンク系のパッケージかつ、ギャルゲーやエロゲーっぽいテイストのイラストが最も目を引くということがわかりました。

3 広告の活用方法 ～クリエイティブの良し悪しを見極めるための広告出稿～

1 「コンテンツを整えるために」Amazon広告を活用する

Amazon広告では、スポンサープロダクト広告やスポンサーブランド広告、スポンサーディスプレイ広告、動画広告、カスタム広告ソリューションなど、様々な広告プランがあります。

本格的に広告を配信して顧客を獲得する前に、まずはコンテンツを整える必要があります。**どんなに広告配信をしたところで、顧客が広告をクリックした先にある商品ページが整っていない場合は購入しない**からです。

サムネイルや商品名欄だけでなく、商品ページを余すところなく、コピーライティングやLP作成の視点で整えていきます。

商品ページには、「サムネイル2枚目以降の商品画像」や「商品の仕様欄」、「商品詳細」だけでなく、「商品紹介コンテンツ」などの顧客への訴求ができる要素がたくさんあります。

ここでも重要なのは、**全ての改善は必ずA／Bテストで良し悪しを検証**するということです。

全ての改善は、「クリック率」や「購入率」などの数字をもって、良い改善か改悪かを判断します。

改悪だった場合は、すぐに元の内容に戻します。

当たり前のことに思えるかもしれませんが、実際にAmazonD2Cをしている人と話をすると、運用面のことばかりを気にして、肝心の商品ページは作りっぱなしで何も改善していないという人が多いです。

これは本当にもったいないです。

そこで、商品ページを改善して最適化するために、Amazon広告を活用します。

改善するためには、「クリック率」や「購入率」などの顧客行動の効果を数字で測定する必要があり、その母集団を集めて計測するために広告を使うのです。

つまりここでの広告費は、「テスト予算」になります。

「効果の高い広告」を要素分解すると、「良いクリエイティブ（ここでは商品ページ）」と「良い運用」になります。

私は「クリエイティブが全て」論の信者です。

クリエイティブさえ良ければ、そこまでテクニカルな運用をしなくても効果はある程度出ます。

逆に、どれだけテクニカルな運用をしていても、クリエイティブが悪ければ効果は出ません。

広告に成果が出ないときに真っ先に疑うべきは運用方法ではなく、クリエイティブなのです。

だからこそ、本格的に予算を割いて広告配信をする前に、クリエイティブである商品ページの改善をやり切りましょう。

② Amazon上で広告配信ができない場合

Amazon 上で広告配信ができない場合は、外部の広告媒体を用いるのもおすすめです。

アダルトカテゴリはAmazon上での広告の出稿ができないようになっています。

私の場合、アダルト系の情報をまとめるメディアに、自社のオナホを取り上げてもらえるように依頼をしました。

メディア側も、アダルト系は単価の高い広告案件が少なく収益化に困っていたようで、すぐに取引が成立しました。

このように単価の高い案件自体が少ない業界の場合は、YouTuber やインスタグラマーなどのインフルエンサーやメディアも収益化に困っている場合が多いので、

インフルエンサーマーケティングも実行しやすいです。

逆に、ダイエットカテゴリや美容カテゴリなどは案件が飽和していて広告予算が高くなりやすいため、この手法はおすすめできません。

当時はやっていませんでしたが、今ならPornhuberなどにも依頼していると思います。

4 ヘビーユーザーへのマーケティング
〜最強の味方を獲得しよう〜

事業を前進させるために、ヘビーユーザーへの認知を拡大させる方法もおすすめです。

一見、フォロワーの多いインフルエンサーのほうが影響力が大きく見えますが、**フォロワーが少ない一般人でもそのカテゴリを極めているヘビーユーザーならば、コミュニティにおいて、インフルエンサーよりも大きな影響力があります。**

あなたも好きなインフルエンサーが宣伝している商品よりも、同じコミュニティにいる友人が「これ使ったけど、良かったよ」と教えてくれた商品を買いたくなった経験はありませんか。

見逃されやすいですが、インフルエンサーだけでなく、その界隈のヘビーユーザーへのギフティングをすることで、商品の認知を大きく広げることができます。特にコンセプトに特化した新規性の高い商品であれば、既存の商品を使い尽くしたヘビーユーザーにも興味を持ってもらいやすいです。

私の場合は、ヘビーユーザーに対して、オフラインで宣伝を行いました。オンラインでやらなかった理由は、単純に怪しまれるからです（ある日突然、無名のメーカーから「オナホを使いませんか」というDMが届いたら、スパムだと思うでしょ？）。

オナホ好きが集まるコミュニティのオフ会に参加して自社のオナホを配りました。ユーザー側にとっても、SNSのDMでギフティング案件の案内をされてオナホが送られてくる体験よりも、**女子大生から「これ私が作ったオナホなんですけど」とオナホを手渡しされる体験のほうがずっと強烈なため、オンラインでシェアしたくなります。**

また、**使用後の感想をSNSでシェアする投稿率が高く、広告効果が高かった**のです。

さらに思わぬ収穫として、「ヘビーユーザー視点での意見」が聞けて、商品改善の役に立ちました。

彼らはそのカテゴリでのユーザープロフェッショナルのため、「こういうところが気持ち良かった」「こういうところは微妙だったので改善したほうがいい」など解像度の高いフィードバックをくれます。

私はチンチンを持ち合わせておらず、オナホを実際に使ってみることができなかったため、非常に貴重な情報となりました。

このようにヘビーユーザーは、インフルエンサー並に大きい影響力を持っている場合があり、コミュニティでの商品認知を広げてくれるだけでなく、多くの競合商品と比較した結果の有用なフィードバックをもらいやすいです。

彼らへのマーケティングは事業を大きく前進させます。

事業領域が、「ヘビーユーザーがいて、彼らがそのカテゴリについて発信しやすいコミュニティも存在している」場合は、ヘビーユーザーへのマーケティングがお

すすめです。

5

さらにブランドのラインナップを展開する

〜1つの抽象的な悩みに様々な解決法を用意する〜

コンセプト力のある商品を1つリリースできて、ある程度の販売数を獲得できたら、今度はブランド力を強化する段階に移ります。

そのためには、さらに商品のラインナップを展開して、ブランド全体の方向性を形作っていきます。

「D2Cブランドには、世界観を統一することが大切」と主張する人も多くいます。

では、その統一感とはなんでしょうか。

細かくはデザインの統一感だったり、顧客体験の統一感だったり、様々なものが挙げられるでしょうが、その統一感の正体は**「同じ課題（悩み）を解決しようとしている」**ということにあると思います。

第2章のインサイトの発掘方法において、顧客の悩みを見つけ出して、その解決策を提供するという話をしました。

その顧客の課題は、抽象的に捉えるほど、様々な方法での解決策があるはずです。

1つの抽象的な課題に対して、様々な解決策での商品ラインナップを展開することで、ブランドが形成されていきます。

例えば、小林製薬は「あったらいいなをカタチにする」と謳っているように、顧客の「生活において、小さな煩わしさがある」という抽象的な課題を、様々な商品を用意することで解決しようと取り組んでいます。

オナホの場合は、「自分にぴったりのオナホの選び方がわからない」という抽象度の高い悩みがあり、それを深掘りした結果、「他人の口コミだと、自分のチンチンの形に合っているかどうかがわからない」という具体的な悩みがあり、その解決策として「使えば使うほど、素材が形状変化して自分のチンチンに馴染む育成型オナ

商品名「リアマン構造」
コンセプト「ホンモノの女性器に近い構造を再現した」

ホール」という「淫乱覚醒」があります。

この抽象的な悩みである「自分にぴったりのオナホの選び方がわからない」の解決策となる商品をラインナップ展開するために、「自分にピッタリのオナホが見つかる」というブランドコンセプトで「Mr.FiT」というブランドを作りました。

ラインナップ商品を考えるときは、「自分にぴったりのオナホの選び方がわからない」という抽象的な悩みを、別軸に深掘りをしていきます。

すると過去のインタビューにあった「オナホの刺激に慣れてしまうと、本番のセックスをするときにイけなくなってしまいそう」というインサイトから、「本番のセックスに近いオナホがない」という悩みが見つかりました。
そこで、「ホンモノの女性器に近い構造を再現した」というコンセプトの「リアマン構造」という新商品(写真)がブランドラインナップとして開発されました。

このように、第2章の方法で見つけ出した顧客の課題を、より抽象的に捉えて、別の解決策として商品ラインナップを提供することで統一感のあるブランドを形成していくことができます。

AmazonD2Cを制するためのチェックポイント

- □ 最適な販売チャネルを選べていますか?
- □ 販売チャネルに合った商品名になっていますか?
- □ 販売チャネルに合ったパッケージデザインになっていますか?
- □ クリエイティブは一瞬で顧客の気を引けるわかりやすいものになっていますか?
- □ 購買率を上げるためのA/Bテストに余念はないですか?
- □ ファンになってくれる確率の高いヘビーユーザーへアプローチできていますか?
- □ 商品ラインナップの拡充でブランド力を強化できていますか?

第5章

事業の売却

女子大生、D2C事業を売る

そんなこんなで「育てるオナホ」をリリースした結果、販売初日でAmazon売れ筋ランキング4位を獲得しました。

メディアに取り上げられたり、ネットの掲示板でスレッドが立ち上がったり、SNSで話題になったりもしました。

そうしているうちに、どんどん流入数も上がり、販売個数も増えていきました（当時、最も多くの男性を間接的にイかせた女子大生だったかもしれません）。

12月には、人気すぎて在庫切れになってしまいました。

「売上が伸びやすいお正月までには、絶対に在庫入荷を間に合わせたい！」と、クリスマスの夜にオフィスで2000個のオナホを梱包したのは良い思い出です。

購入してくれる人が増えるにつれて、「使ってみた感想」を教えていただく機会が増えて、商品の改善ができるようになりました。

月間の販売個数も予測がつくようになり、在庫リスクが少ない状態での大量発注ができるようになったため、1個あたりの原価を抑えられるようになりました。

また、Amazon上では販売価格を簡単に変更できるため、「どの価格にすると一番売上が出やすいのか」という検証も進めることで、利益額を増やしていきました。

さらに、販売ページをA／Bテストで改善するなどの、地道な作業も繰り返しました。

このように購入数が増えてくるとデータを集めやすくなるため、商品の改善やマネタイズの施策の幅が広がり、さらに事業を伸ばしていけるようになります。

「私が考えた商品が、多くの人を楽しませているんだ！」とものすごく気持ち良くなりました(オナホだけにね)。

しかし……。

1

起業家は適度に休んで、また立ち上がるが吉

～事業を継続していく上で大切なこと～

オナホD2C事業はヒットしたものの、私個人が大きな壁にぶつかりました。**働きすぎて体調を崩したのです。**

当時の私は、朝6時～夜22時まで、1日16時間働く日々を送っていました。土日も働き、オフィス連泊も当たり前。

家に帰らなすぎてガスが止まり、復旧方法がわからなかったので2週間くらい冷水でシャワーを浴びていました。

2月だったのでとても寒かったです。

限界は突然訪れます。

ある朝、目は覚めているのにベッドから起き上がれなくなり、何も考えられなくなりました。

呆然と天井を見つめていました。

オナホを売りすぎて体調を崩した女子大生の始まりです。

オナホ事業会社は後任の人に引き継いで退任し、その他の仕事も全てストップして、しばらく休むことにしました。

ところが。

休暇3日目、D2Cの新しい事業モデルをひらめきました。

「私はまだまだやれる。こんなところで終わらないぞ」と思い、気づいたら会計事務所に連絡をとって、新規事業を立ち上げていました。

オナホとは異なるカテゴリのD2C事業だったため、急いで別会社を創業して、生活雑貨や美容家電などのブランドを4つ立ち上げました。

ありがたいことに、その会社は創業1年で売却できました。

オナホほどパンチの効いたカテゴリではありませんが、ここまでに書いたオナホの企画販売の経験や思考法が大きく活きました。

カテゴリは違うものの、根本的な考え方は全く同じで、「自分がターゲット顧客層ではない領域でも、顧客の本当の悩みを理解して、解決策を提供すること」さえ守れば、事業は必ず軌道に乗ります。


「過労」は、起業家が陥りやすい落とし穴です。

「事業はマラソン」という言葉があるように、最後まで走り続けた人が勝ちます。

つまり、「どれだけ継続できるか」が鍵であり、継続できない努力は推奨できません（もちろん例外として、「今は頑張りどき」という時期もあります）。


結局、成功の方程式はこのようになります。

成功＝努力の質×努力の量

「頑張らなくていい」というわけではないです。

量が質を凌駕することもあります。

ただ、量に満足してなんとなく働いた気になり、質を見落としていることも多いです（そもそも同じアウトプットであれば、短い時間でこなしているほうが優秀です）。

1日16時間働いても集中力が落ちていたら意味がないし、翌日体調を崩せば平均8時間しか働いていないことになります。

それなら1日10時間をコンスタントに働くほうが、計画も立てやすいしアウトプットの質も担保されますよね。

また、量を増やしすぎると、質がマイナスになり、結果もマイナスになります。

継続的に良いパフォーマンスが出せるように、積極的に休みましょう。


ただ、頑張る自分にブレーキをかけるのは想像以上に難しいです。

私も今振り返れば、〝そろそろヤバい兆候〟はたくさん出ていたのに、本格的に体調を崩すまで気づけませんでした。

「もうヤバい」って自分で気づくの、実はめちゃむずい。


だから、今頑張っている人は、一度問いかけてみてください。

「結果を出すこと」よりも、「頑張ること」にムキになっていませんか？


何かに熱中しているときほど、自分がヤバいことに気づけないです。

まじで。

もし、うっかり過労になってダウンしてしまっても大丈夫です。
一度立ち止まってゆっくり休み、また立ち上がってください。
それでもちゃんとまた歩き出すことができます。

事業売却の考え方

～評価されているうちに売るという当たり前の話～

事業を立ち上げて1年ほどすると、とある事業会社から「D2C事業を買いたい」という連絡がきました。

それまで売却は検討していなかったのですが、気まぐれで話を聞いてみることにしました。

すると、「D2C事業が、自分の肌感よりも、市場としてかなり評価されていること」がわかりました。

市場は常に動き続けます。

伸び続ける事業も、いつかは衰退します。

だからこそ**「評価されているうちに売ろう」**という決断になりました。

「黒字の事業なら、事業は持ち続けて利益を得たら良いんじゃない？」という意見もありましたが、市場は常に変化するため、チューニングをしないと基本的に利益は減っていきます。

また、取引先もいたため、惰性でやり続けるより、「より事業を伸ばしてやろう」という意気込みがある会社に譲渡するほうが、全ステークホルダーに対して誠実だなと判断したのもあります。

もちろん「引き続き、自分で事業を伸ばし続ける」という選択肢もありました。

しかし、自己資金での起業で0→1の立ち上げは成功したものの、1→100に伸ばすにはさらなる資金が必要でした。

過労で体調を崩したことがある身としては、資金調達を行って、必要以上にステークホルダーを増やすのも気が進みませんでした。

商売の基本は**「安く買って、高く売ること」**です。

M&Aも同じく**「評価されていないうちに安く買い、評価されているうちに高く売ること」**は基本です。

もちろん、ありえない金額での買い叩きや売り叩きは倫理的によくありません。

しかし**適正金額を逸脱しない範囲で、「最も評価されているうちに売却をする」というタイミングを見計らう能力は、事業売却を見据えている起業家には重要だと思います。**

3 ネクストステージへ ～新たな挑戦～

「これから何をしていくの？」とよく聞かれます。

私には2つ目標があります。


1つ目は、人の内面をもっと知ることです。

オナホ企画で顧客のインサイトを掘っているとき、**「顧客ですら気づいていない自分の内面を、赤の他人が気づける」**という面白さに驚きました。

そんなのエスパーか占い師しかできないでしょ！と思っていましたが、マーケターもできるのです。すごい。

人の内面を引き出すための、「良い質問」ができるように精進します。

人の苦悩や葛藤などの複雑な心理状態をもっとたくさん聞きたいです。

もしよかったら私に悩みを教えてください。Twitterのダイレクトメッセージでお待ちしております（IDは@tmt_bassです）。

いろんな形でいろんな人と触れ合い、もっともっと人の悩みを理解しながら、解決する方法を大喜利していきたいです。


2つ目は、顧客の体験をより良いものにしていくことです。

今まで、商品企画には注力したものの、製造は外部に委託していました。

いわゆるＯＥＭと呼ばれる手法です。

製造や品質管理は、外部に任せきり。

最初のうちは問題ありませんでした。

しかし事業が成長するにつれて製造個数も増えて、管理が行き届かなくなってしまったことで結果的に品質を下げてしまい、お客様に悲しい思いをさせてしまうことがありました。

今振り返ると、あのときの私は本当に未熟かつ怠慢でした。

自分が関わる顧客の体験をより良いものにしていきたい。

とはいえ、自社工場を持つのは経済的にも厳しい。

この問題に対して、どうするべきか長い間悩みました。

私がたどり着いた答えは、**「良いメーカーと二人三脚で取り組むこと」**でした。「メーカーに製造委託する」のではなく、「メーカーにマーケを委託される」ことです。

農家や伝統工芸職人の友人が、マーケティングやＤＸの課題にぶつかっていて、何度か相談を受けたことがあります。

「良いものを、熱量持って作っているのに、販売がうまくできない」と悩んでいる人が多いのです。

彼らは、製造・品質管理の達人で、私には商品企画やマーケティングの知見があります。「良いモノを作れる」人たちに対して、商品コンセプト企画やマーケティング戦略を提供することで、コンセプトもマーケティングも品質も完璧なプロダクトを共に生み出していきたいです。

そのために、商品企画だけでなくプロモーションやブランド戦略など、マーケティング全般のプロフェッショナルを目指します。


自分で製造ができなくても品質や顧客体験に熱意を持ち続けたいし、みんなが驚くようなコンセプトをどんどん生み続けたい。

いろんな方法で「より良い事業」を作れるように、模索していきます。

出版物に書いてしまった以上、もうやるしかないね……。


とにかく事業の本質は、顧客の悩みを解決することです。

提供できる解決策の幅を広げるために、D2C事業だけでなく、様々な事業領域にも挑戦していきます！

顧客の真の欲求を掘り出して
そこに真摯に向き合えば、
みんなが気持ち良くなれるのです。

おわりに

本書の企画者である事業家ｂｏｔ様とは、以前からお付き合いがありました。

私のことをよく気にかけてくださり、ピンチに陥ったときには、厳しくも的確な言葉で鼓舞してくれる、尊敬する先輩です。

２０２１年の年の瀬に突然、事業家ｂｏｔ様から「本を書かない？」と連絡がありました。

「よくわからないけど、とにかくやります」と即答し、５秒で出版が決まりました。

私は、年間５００冊以上は本を読む読書家なので、「編集でも校閲でも企画でもいいから、人生で一度は出版に携わってみたいな」とぼんやりと考えていましたが、まさかこんなに早く叶うとは。

そしてまさか執筆ができるとは。

「自著を出版できること」も嬉しかったですが、「尊敬している方に、限られたチャンスを渡す相手として選んでいただけたこと」が何よりも嬉しかったです。光栄です。

ありがとうございます。

本書の執筆を通して感じたのは、「本書での知見は、自分一人で生み出したものではなく、私がたくさんの人との関係性の中で学んだこと」ということです。今の私やその思考の存在は、これまでの人生で出会った人たちとのご縁や取り組みの蓄積です。

だからこそ、その上で見つけた思考を自分の名前で出版していいのだろうか、という葛藤もありました。

できることなら、今まで関わってきた人全員の名前で出したい。

そんな悩みを、マーケティングの恩師に正直に打ち明けると、「気にするな」という言葉で、出版の背中を押してくださりました。

今も昔も、自分を囲む環境は温かいです。

「今の自分があることは周囲のおかげである」と日々心がけようとしても、ふとしたタイミングで忘れてしまうことがあります。

執筆という機会を通して、それを再度思い出せて本当によかったです。

今日、この日の私が存在するまでに関わってくださった方々、そして執筆の機会をくださった事業家ｂｏｔ様、編集担当者の白戸さん、当時何もなかった私を育ててくれた恩師のＡさん、そして最後まで本を読んでくださった方に感謝を申し上げます。

Amazonで様々な書籍の販売ページを見ると、どんなに素晴らしい書籍でも酷評レビューがついているのを見ます。

「出版する」ということは世間に旅立つということなので、批判がつきものなのも重々覚悟しています。

それでもやはり、頑張って書いた本なので、温かい言葉が欲しいなという気持ち

が正直あります！（笑）

もしよかったら、Amazonレビューでも、どうか一言、温かい言葉をいただけると大きな励ましになります。

まだまだ未熟者の私ですが、これからも全てのご縁を大切にしながら一層精進してまいります。

よろしくお願いいたします。

リコピン

解説

経営者／『金儲けのレシピ』著者　事業家ｂｏｔ

未確認生命体との出会い、それが彼女、リコピンとの出会いの第一印象だった。
私が主催していた起業家の勉強会に、もこもこのフリースを着て現れた、当時明治大学在学中だった彼女は、第一声で元気よくこう言った。

「私、オナホを売ってます」

会場に「オナホってあのオナホだよね？」というなんとも微妙な空気が流れる中、彼女が「淫乱覚醒～〝アナタ好み〟になりたいの～」という商品名まで紹介すると、微妙な空気は笑いに変わった。

もこもこのフリースにピンヒールというなんとも形容し難いファッションの彼女をみて、彼女、というよりはこの物体をなんとか世に紹介したいという気持ちを持った。

そこで、わかりやすく「女子大生、オナホを売る」という彼女のエキセントリックな部分を全面に出したタイトルにしつつ、中身はＤ２Ｃやマーケティングの基本的な（基本的な、というのは簡単という意味ではないことに留意されたい）本に仕立て上げたつもりである。

この本の中心的なメッセージは「極端なことを経験することによって、実はそこから普遍的なインサイトを抽出することができる」ということだと私は考えている。

そして実際に彼女はマグロ漁船に乗ったり、オナホのアンケートを街頭でとって捕まりかけたりと、エキセントリックなことを繰り返している。

この体験というのは、私たち常識人には、真似しづらい。

正直、マグロ漁船に乗るのも、警察に声をかけられてしまうのも、常識人にとってはできればしたくない経験だろう。

しかし、そこまでのことをしなくても、これまでの自分の常識から外れた経験というのはそこらへんに転がっている。

例えば、マグロ漁船で働かずとも、1日だけ漁港でアルバイトしてみるのだって、都会に住んでいる人にとっては新鮮な経験だろうし、同じく缶詰で働く必要があるという意味では、自動車の期間工の体験だって面白いかもしれない。

このように、他人の生活を実際に体験することで、調査を行う手法を「フィールドワーク」という。

フィールドワークというのは、元々は文化人類学において、異なる文明の生活を理解するために、実際にジャングルの中で生活して、現地のコミュニティに深く入り込むといったような手法として使われていたのだが、現在ではそのような文化人類学的な手法がマーケティングにも取り入れられていたり、また、アメリカの調査会社では文化人類学者を雇用して調査をしているところもある。

彼女がオナホを売るために行ってきた調査手法というのは、まさにその文化人類学的な調査手法に自力で辿り着き、実践したといえるような内容であろう。

この本はもちろん「モノを売る」という観点から書かれている本だが、人間というのは普通に生活していると、毎日同じリズムで生活をすることになってしまいがちだし、それを変えようとして旅行に行ったとしても、実はこれまでの観光業界の中で、なんとなくマーケティング的に蓄積されてきた体験を消費しているだけだったりする。

自分と全く違う人の生活を覗き込むようなことにこそ、実は未知の体験が広がっているのではないか。

そして、その未知の体験の中で、これまで自分が気づかなかったインサイトを発見することは、人生を豊かにしてくれるはずだ。

この本が、その未知の体験に入っていくきっかけとなれば幸いなのである。

オナホだけに。

（完）

神山理子（リコピン）

かみやま・りこ
1997年生まれ。明治大学商学部卒。20歳の時にインターン先で音楽メディアの運営責任者となり、業界No.1までグロースして売却。その後シンガポールにて新規事業を立ち上げ、同事業の法人化を経て、オナホD2Cの会社を創業。自ら開発したオナホをAmazonランキング4位にまで育てるも過労のため退任。休暇3日目に新しい事業アイデアが閃き、休みもそこそこに自身2社目となる（株）ひだねを立ち上げる。創業1年で同社を売却し、次の事業に向けて準備中。消費者のインサイトを掘って、コンセプトをつくることが得意。たまにマグロ漁船員。1児の母でもある。 Twitter：@tmt_bass

女子大生、オナホを売る。

2023年5月8日　初版第1刷発行
2023年6月27日　初版第3刷発行

著者 ―――― 神山理子（リコピン）
発行者 ―――― 岩野裕一

発行所 ―――― 株式会社実業之日本社
〒107-0062
東京都港区南青山6-6-22　emergence 2
電話（編集）03-6809-0473　（販売）03-6809-0495
https://www.j-n.co.jp/
印刷・製本 ―――― 大日本印刷株式会社

ブックデザイン ―――― 三森健太（JUNGLE）
カバーイラスト ―――― つん子
本文DTP ―――― 加藤一来
校正 ―――― ヴェリタ
企画・プロデュース ―― 事業家bot
編集 ―――― 白戸翔（ニューコンテクスト）

ISBN978-4-408-65034-0（第二書籍）